中級財務會計
（第二版）

主　　編●李　焱、唐湘娟
副主編●溫　莉、王林洲、王健胜、胡　偉

前 言

根據中國企業會計準則的修改和完善，筆者結合自己在教學工作中的實際情況，在吸取他人優點和長處的基礎之上，重新對《中級財務會計》教材的內容做了設計和編排，以滿足「工學結合」與「項目教學」的要求。

本書適用於財經類高等院校在校學生、參加自學考試的財經類專業自考人員以及熱愛會計工作的社會在職人員。

本書在編寫的過程中，主要體現了以下幾個方面的特色：

一、經濟業務處理會計模板化

目前市場上多數《中級財務會計》教材對會計業務處理重文字敘述、輕會計業務處理，許多初學者學習後對具體發生的經濟業務無法正確編製會計記帳憑證。為了改變這一狀況，本書在編寫過程中，針對每一種類型的經濟業務，總結出在一般發生情況下的會計業務處理模板，即對於某種類型的經濟業務的發生，在進行簡單的文字敘述的同時，指出借方會出現哪些會計科目，貸方會出現哪些會計科目，為初學者總結出某類型經濟業務發生時的會計業務處理模板。這就為他們編製正確的會計分錄提供了一個指南或參照物，有利於初學者學習和掌握中級財務會計專業知識。

二、緊密結合工作實際情況，設計了完整、系統的實訓題庫

為了讓學生牢固掌握中級財務會計相關專業知識，筆者結合企業實際財務工作的要求，具有針對性地設計編寫了實用、系統的《中級財務會計技能實訓》教材。技能實訓與本書同時發行，可以同本書配套使用，也可以單獨使用。該書針對每一個項目實訓設計了實訓目的、實訓內容、實訓要求三個部分，有利於學生明白每一個項目實訓應該達到的目標及實訓作用。通過系統的實訓，有助於學生掌握中級財務會計的相關專業知識，為他們今後順利地走上會計工作崗位做好會計工作奠定了堅實的基礎。

為了增強學生的自學能力，使學生明白自己處理的會計業務正確與否，技能實訓對每一個實訓項目都附有詳細的計算過程及會計分錄，有利於學生明白自己在實訓時產生錯誤的環節和原因，從而發現自己在中級財務會計專業知識學習中存在的問題和不足之處，為今後改進自己的學習方法和學習技巧指明了方向。

三、緊跟會計準則的變化，體現了最新的會計專業知識

　　自新的企業會計準則實施以來，從大的方面來講，中國的會計準則沒有發生顯著性、根本性的變化，但從小的方面來講，中國的會計準則還是有些細微變化之處。在教材編寫過程中，最新變化的會計準則內容在本書中都有詳細的體現和運用，有利於學生掌握最新的會計專業知識。

　　本書由溫莉負責資產部分的編寫工作，由李焱負責負債及所有者權益部分的編寫工作，並由李焱負責本書編寫的策劃及統稿工作，王健勝對《中級財務會計技能實訓》一書的編寫工作提出了許多建設性的意見和建議，唐湘娟負責全書的審核工作。

　　由於編者水平有限，本書難免會存在一定錯誤，懇請讀者提出批評和建議，我們將虛心接受讀者的批評和建議。

編　者

目 錄

第一章 總論 (1)
第一節 會計的特徵 (1)
第二節 會計基本假設 (2)
第三節 會計信息質量 (4)
第四節 會計的六要素 (7)
第五節 會計要素的計量 (10)

第二章 資金崗位核算 (12)
第一節 庫存現金的核算 (12)
第二節 銀行存款的核算 (18)
第三節 其他貨幣資金的核算 (27)

第三章 金融資產 (32)
第一節 金融資產的定義和分類 (32)
第二節 交易性金融資產的核算 (36)
第三節 持有至到期投資的核算 (39)
第四節 應收款項的核算 (45)
第五節 可供出售金融資產的核算 (56)

第四章 存貨 (59)
第一節 存貨的確認和初始計量 (59)
第二節 存貨購進的核算 (62)
第三節 存貨發出的核算 (72)
第四節 存貨的期末計量 (76)

第五章 長期股權投資 (88)
第一節 長期股權投資概述 (88)

第二節　長期股權投資的初始計量 ································· （91）
　　第三節　長期股權投資的后續計量 ································· （96）

第六章　固定資產 ··· （105）
　　第一節　固定資產概述 ··· （105）
　　第二節　取得固定資產的會計處理 ································· （107）
　　第三節　固定資產折舊 ··· （112）
　　第四節　固定資產后續支出 ······································· （116）
　　第五節　固定資產的處置 ··· （118）
　　第六節　固定資產清查 ··· （121）
　　第七節　固定資產減值的會計核算 ································· （122）

第七章　無形資產 ··· （124）
　　第一節　無形資產概述 ··· （124）
　　第二節　無形資產的初始計量 ····································· （127）
　　第三節　無形資產的后續計量 ····································· （130）

第八章　借款費用 ··· （135）
　　第一節　借款費用的定義及範圍 ··································· （135）
　　第二節　專門借款的會計核算 ····································· （137）
　　第三節　借款輔助費用資本化金額的確定 ··························· （139）

第九章　負債 ··· （140）
　　第一節　流動負債的核算 ··· （140）
　　第二節　非流動負債的核算 ······································· （165）

第十章　收入、費用、利潤 ····································· （172）
　　第一節　收入的會計核算 ··· （172）
　　第二節　費用的會計核算 ··· （188）

第三節　利潤的會計核算 …………………………………（190）

第十一章　所有者權益 …………………………………………（196）
　　第一節　實收資本（股本）的核算 ……………………………（196）
　　第二節　資本公積的核算 ………………………………………（200）
　　第三節　留存收益的核算 ………………………………………（201）

第十二章　財務報告 ……………………………………………（205）
　　第一節　財務報告概述 …………………………………………（205）
　　第二節　利潤表和利潤分配表 …………………………………（207）
　　第三節　資產負債表 ……………………………………………（209）

第一章　總論

【本章學習重點】
(1) 財務會計的含義、特徵及目標；
(2) 會計四大基本假設；
(3) 會計信息質量要求；
(4) 會計六要素。

第一節　會計的特徵

一、財務會計的特徵

財務會計以會計準則為依據，通過填製憑證、登記帳簿、編製會計報告等方法，確認和計量企業資產、負債、所有者權益的增減變化，反應收入的取得、費用的發生和歸屬以及淨收益的形成及分配，定期以財務報告的形式提供企業的財務狀況、經營成果和現金流量的情況，並通過分析會計報告，客觀評價企業的經營業績、償債能力和獲利能力，對企業的經營情況做出全面反應。因此，財務會計具有以下特徵：

(一) 對外提供通用的財務報告

現代社會中，會計信息的需求者眾多，既有企業外部的投資者、債權人、政府機構，也有企業內部管理當局。財務會計的主要任務是向企業外部與企業存在經濟利益關係的各方提供財務報告，滿足外部會計信息使用者的需要。由於企業外部與其利益相關的集團或個人眾多，他們需要的決策信息千差萬別，因此財務會計並不是也不可能針對某一外部會計信息使用者提供財務報告，滿足其個別決策的需要，而是通過定期編製通用的「資產負債表」「利潤表」「現金流量表」和「所有者權益變動表」，向企業外部會計信息使用者傳遞企業財務狀況、經營成果、現金流量等會計信息，反應企業管理層受託責任履行情況，有助於財務報告使用者做出經營決策。

(二) 以會計準則規範會計核算

在所有權與經營權相分離的情況下，財務報告是由企業管理當局負責編報的，而財務報告的使用者主要是來自企業的外部。會計信息的外部使用者遠離企業，不直接參與企業的日常經營管理，而主要通過企業提供的財務報告獲得有關的經濟信息。因

此，財務會計信息的質量是企業外部會計信息使用者關注的焦點。為使財務會計提供的會計信息真實、可靠，防止企業管理者在會計報表中弄虛作假，財務會計必須嚴格遵循會計準則，並按照法定的程序對有關資料進行歸類整理，定期提供反應企業財務狀況和經營成果的財務報告。

(三) 運用傳統會計的方法和程序開展會計活動

財務會計是傳統會計演化而來的，沿用了傳統會計中有關確認、計量、記錄等方法及程序，對企業的經濟活動進行有效反應和監督。同時，財務會計是在傳統會計基礎上的進一步發展，將傳統會計的方法、程序提高到一定的會計理論高度，並以公認會計原則的形式使之系統化、條理化和規範化，形成較為嚴密而穩定的基本結構。

二、財務報告的目標

企業財務會計的目的是通過向企業外部會計信息使用者提供有用的信息，幫助使用者做出相關決策。承擔這一信息載體和功能的是企業編製的財務報告，財務報告是財務會計確認和計量的最終結果，是溝通企業管理層與外部信息使用者之間的橋樑和紐帶。因此，財務報告的目標定位十分重要。財務報告的目標定位決定著財務報告應當向誰提供有用的會計信息和應當保護誰的經濟利益，這是編製企業財務報告的出發點。財務報告的目標定位決定著財務報告要求會計信息具有的質量特徵，決定著會計要素的確認和計量原則，是財務會計系統的核心與靈魂。

通常認為，財務報告目標有受託責任觀和決策有用觀兩種。在中國，企業會計準則規定，企業財務報告的目標是向財務報告使用者提供與企業財務狀況、經營成果和現金流量等有關的會計信息，反應企業管理層受託責任履行情況，有助於財務報告使用者做出經營決策。

財務報告目標要求滿足投資者等財務報告使用者決策的需要，體現為財務報告的決策有用觀；財務報告要求反應企業管理層受託責任的履行情況，體現為財務報告的受託責任觀。財務報告的決策有用觀與其受託責任觀是統一的，投資者出資委託企業管理層經營，希望獲得更多的投資回報，實現股東財富的最大化，從而進行可持續投資。企業管理層接受投資者的委託從事生產經營活動，努力實現資產的安全完整、保值增值、防範風險，促進企業可持續發展，就能夠更好地、持續地履行受託責任，以為投資者提供回報，為社會創造價值，從而構成企業經營者的目標。由此可見，財務報告目標的決策有用觀和受託責任觀是有機統一的。

第二節 會計基本假設

會計基本假設是指一般在會計實踐中長期奉行、無需證明便為人們所接受的前提條件。為保證會計信息的一致性和符合財務報告的目標，財務會計要在一定的假設條件下才能確認、計量、記錄和報告會計信息，並能使會計核算對所處的變化不定的會

計環境做出的合乎情理的判斷。中國的會計基本假設有四項，包括會計主體、持續經營、會計分期、貨幣計量。

一、會計主體

會計主體是指會計工作所服務的特定單位。會計主體假設要求企業對其本身發生的交易或者事項進行確認、計量和報告，反應企業本身從事的各項生產經營活動。會計主體基本前提的實質在於它規定了企業會計確認、計量和報告的空間範圍。

明確界定會計主體是開展會計確認、計量和報告工作的重要前提。一方面，明確會計主體，才能劃定會計所要處理的各項交易或事項的範圍。在會計實務中，只有那些影響企業本身經濟利益的各項交易或事項才能加以確認、計量和報告。另一方面，明確會計主體，才能將會計主體的交易或者事項與會計主體所有者的交易或者事項以及其他會計主體的交易或者事項區分開來。

會計主體不同於法律主體。一般說來，法律主體必然是一個會計主體。例如，一個企業作為一個法律主體，應當建立財務會計系統，獨立反應其財務狀況、經營成果和現金流量。但是，會計主體並不一定是法律主體。例如，一個生產性公司下設五個生產車間，為了獨立反應每一個生產車間的生產經營狀況，可以按每一個生產車間設立一套帳，這樣每一個生產車間就變成了一個會計主體，但每一個生產車間並不是一個法律主體。在這種情況下，每一個生產車間儘管不是法律主體，但可以是會計主體。

二、持續經營

持續經營是指在可以預見的將來，企業將會按當前的規模和狀態繼續經營下去，不會停業，也不會大規模削減業務。在持續經營的前提下，會計確認、計量和報告應當以企業持續、正常的生產經營活動為前提。因此，在這個基本前提下，會計便可認定企業擁有的資產將會在正常的經營過程中被合理地支配和耗用，企業的債務也將在持續經營中得到有序的補償。例如，以持續經營為前提，企業取得固定資產時，按取得成本而非清算價格予以計價，並且在持續經營期間視其耐用年限將其價值分配轉移，即以計提折舊的方式將購置固定資產的成本分攤到各個會計期間中去。

持續經營的前提是認定企業的生產經營活動中的資產總以原定的用途被使用、消耗，其資產的現時價值並不重要。倘若持續經營前提不存在，歷史成本計價基本原則以及一系列的會計準則和會計方法也將失去存在的基礎，就不能客觀地反應企業的財務狀況、經營成果和現金流量，以致會誤導會計信息使用者的經濟決策。

因此，持續經營假設為固定資產計提折舊、費用分攤等會計問題的解決提供了理論基礎。

三、會計分期

企業應當劃分會計期間，分期結算帳目和編製財務報告。會計分期是指將會計主體持續不斷的經營活動人為地劃分為相等的、較短的會計期間，以便分期考核其經營活動的成果。企業以持續經營為理念，但是債權人和投資人乃至經營者卻不能等到經

濟活動完全結束（承包期滿或解散）才核算一次盈虧，這就促使企業將經營活動劃分為一個個連續的、長短相同的期間，據以記錄經濟業務、結算帳目、編製會計報表，及時反應一定日期的財務狀況和一定期間的經營成果、現金流量的信息。

會計分期的意義在於界定了會計信息的時間段落，產生了本期與非本期的區別，為歷史成本計價、權責發生制、可比性原則等奠定了基礎。會計期間分為年度和中期。中期是指短於一個完整的會計年度的報告期間，如半年、季度或者月度。

因此，會計分期假設的主要作用是便於及時發現企事業單位在生產經營過程中存在的問題，及時採取切實有效的改善措施，保證企事業單位的生產經營活動正常進行下去。

四、貨幣計量

企業會計應當以貨幣為主要計量單位。貨幣計量是指會計主體在財務會計確認、計量和報告時以貨幣作為主要計量尺度，反應會計主體的生產經營活動。這樣便於不同企業提供的會計信息可比。企業的會計核算一般以人民幣為記帳本位幣，業務收支以人民幣以外的貨幣為主的企業，可以選定其中一種貨幣作為記帳本位幣，但是編報的財務報告應當折算為人民幣。

上述會計核算的四項基本假設，具有相互依存、相互補充的關係。會計主體確立了會計核算的空間範圍，持續經營與會計分期確立了會計核算的時間長度，而貨幣計量則為會計核算提供了必要手段。

第三節 會計信息質量

會計信息質量要求是對企業財務報告中提供會計信息質量的基本要求，是使財務報告中提供的會計信息對投資者等信息使用者決策有用應具備的基本特徵。會計信息質量要求主要包括可靠性、相關性、可理解性、可比性、實質重於形式、重要性、謹慎性和及時性等。

一、可靠性

可靠性要求企業應當以實際發生的交易或者事項為依據進行會計確認、計量和報告，如實反應符合確認和計量要求的各項會計要素及其他相關信息，保證會計信息真實可靠、內容完整。

會計信息若要有用，必須以可靠性為基礎，如果財務報告提供的會計信息是不可靠的，就會對投資者等會計信息使用者的決策產生誤導甚至帶來損失。為了貫徹可靠性要求，企業應當做好以下工作：

第一，以實際發生的交易或者事項為依據進行確認、計量，將符合會計要素定義及其確認條件的資產、負債、所有者權益、收入、費用和利潤等如實反應在財務報表中。

第二，在符合重要性和成本效益原則的前提下，應保證會計信息的完整性，其中

包括應當編報的報表及其附註內容等應當保持完整，不能隨意遺漏或者減少應予披露的信息。

第三，財務報告中的會計信息應當是中立的、無偏的。如果企業在財務報告中為了達到事先設定的結果或效果，通過選擇或列示有關會計信息以影響決策和判斷，這樣的財務報告信息就不是中立的。

二、相關性

相關性要求企業提供的會計信息應當與財務報告使用者的經濟決策需要相關，有助於財務報告使用者對企業過去、現在或者未來的情況進行評價或者預測。也就是說，會計信息是否有用、是否有價值，關鍵看其與使用者的決策需要是否相關、是否有助於決策或提高決策水平。

對於會計信息質量的相關性要求，需要企業在確認、計量和報告會計信息的過程中，充分考慮使用者的決策模式和信息需要。但是，相關性是以可靠性為基礎的，兩者之間並不矛盾，不應將兩者對立起來。也就是說，會計信息在可靠性的前提下，盡可能地做好相關性，以滿足投資者等財務報告使用者的決策需要。

三、可理解性

可理解性要求企業提供的會計信息應當清晰明瞭，便於財務報告使用者理解和使用。

可理解性是指會計核算和編製的財務報告應當清晰明瞭，便於瞭解和運用。會計信息的價值在於對信息使用者的決策有用，因而必須使信息使用者理解會計分錄乃至編製報告語言、方法的含義和用途，而且可理解性原則應貫穿於會計憑證開始的各個階段。對於某些複雜的信息，如交易本身較為複雜或者會計處理較為複雜，但與使用者的經濟決策相關，企業就應當在財務報表中充分披露。

四、可比性

可比性要求企業提供的會計信息應當具有可比性。可比性包括以下兩方面含義：

(一) 同一企業縱向可比

會計信息質量的可比性要求同一企業不同時期發生的相同或者相似的交易或事項應當採用一致的會計政策，不得隨意變更。確需變更的，應當在附註中說明。例如，企業將存貨計價從先進先出法改為加權平均法，會對存貨發出成本和留存存貨價值產生不同的影響，附註中應該說明。

(二) 不同企業橫向可比

會計信息質量的可比性要求不同企業發生的相同或者相似的交易或事項應當採用規定的會計政策，以確保會計信息口徑一致、相互可比。企業經營的好壞、資產情況如何，可通過企業之間會計報表信息的比較來反應，如果企業記帳都口徑一致，無疑其可比性增強。可比性原則以客觀性原則為基礎，並不意味著不能有任何其他選擇，只要這種選擇仍然可以進行有意義的比較。例如，為了如實反應應收帳款的風險，可

以根據實際情況選擇計提壞帳準備比例。

五、實質重於形式

實質重於形式要求企業應當按照交易或事項的經濟實質進行會計確認、計量和報告，不應僅以交易或者事項的法律形式為依據。如果企業的會計核算僅僅按照交易或事項的法律形式或人為形式進行，而其法律形式或人為形式又未能反應其經濟實質和經濟現實，那麼會計核算的結果不僅不會有利於會計信息使用者的決策，反而會誤導會計信息使用者的決策。例如，將融資租入固定資產視同自有固定資產進行會計處理，就是遵循實質重於形式的原則。

六、重要性

重要性要求企業提供的會計信息應當反應與企業財務狀況、經營成果和現金流量等有關的所有重要交易或事項。企業的會計核算應當遵循重要性原則，在會計核算過程中對交易或事項應當區別其重要性程度，採用不同的核算方法。對資產、負債、損益有較大影響，並進而影響財務報告使用者據以做出合理判斷的重要會計事項，必須按照規定的會計方法和程序進行處理，並在財務報告予以充分、準確地披露；對於次要的會計事項，在不影響會計信息真實性和不至於誤導財務報告使用者做出正確判斷的前提下，可適當簡化處理。例如，某項資產過少可不單獨在財務報告中列報，而在財務報告中合併反應。重要性原則與會計信息成本效益直接相關，堅持重要性原則能使提供會計信息的收益大於成本。

在實務中，如果某會計信息的省略或者錯報會影響投資者等財務報告使用者據此做出決策的，該信息就具有重要性。重要性的應用需要依賴職業判斷，企業應當根據其所處環境和實際情況，從項目的性質和金額大小兩方面加以判斷。

七、謹慎性

謹慎性要求企業對交易或事項進行會計確認、計量和報告應當保持應用的謹慎，不應高估資產或收益、低估負債或費用。謹慎性原則是指會計人員對存在不同會計處理程序和方法的某些經濟業務或會計事項，應在不影響合理反應的前提下，盡可能選擇不虛增利潤和誇大使用者權益的會計處理程序和方法進行會計處理。當有多種會計方法供選擇時，企業應當遵循謹慎性原則的要求，不得多計資產或收益、少計負債或費用，也不得設置秘密準備。

八、及時性

及時性要求企業對於已經發生的交易或事項，應當及時進行會計確認、計量和報告，不得提前或者延後。在會計確認、計量和報告過程中貫徹及時性，企業應做好以下工作：

第一，要求及時收集會計信息，即在經濟交易或事項發生後，及時收集整理各種原始單據或者憑證。

第二，要求及時處理會計信息，即按照會計準則的規定，及時對經濟交易或事項進行確認或者計量，並編製財務報告。

第三，要求及時傳遞會計信息，即按照國家規定的有關時限，及時地將編製的財務報告傳遞給財務報告使用者，便於其及時使用和決策。

上述八個會計信息質量要求中，可靠性、相關性、可理解性、可比性是會計信息的首要質量要求，是企業財務報告提供會計信息應具備的基本質量特徵；實質重於形式、重要性、謹慎性和及時性是會計信息的次要質量要求，是對可靠性、相關性、可理解性和可比性首要質量要求的補充和完善。及時性還是會計信息相關性和可靠性的制約因素，企業需要在相關性和可靠性之間尋求一種平衡，以確定信息及時披露的時間。

例 1-1：

A 公司擁有 B 公司 40% 的表決權資本，C 公司擁有 B 公司 30% 的表決權資本。A 公司與 C 公司達成協議，C 公司在 B 公司的權益由 A 公司代表。那麼，A 公司對 B 公司是控制關係還是具有重大影響？

解析：

本例中，A 公司實質上控制 B 公司。

如果僅從 A 公司擁有 B 公司 40% 的表決權資本的角度來分析，A 公司未能對 B 公司實施控制，A 公司只對 B 公司具有重大影響。如果僅從 C 公司擁有 B 公司 30% 的表決權資本的角度來分析，C 公司也未能對 B 公司實施控制，C 公司也只對 B 公司具有重大影響。

但 A 公司與 C 公司達成協議，C 公司在 B 公司的權益由 A 公司代表。根據實質重於形式的會計信息質量要求，在這種情況下，A 公司實質上擁有 B 公司 70% 的表決權資本的控制權，表明 A 公司實質上控制 B 公司。

第四節　會計的六要素

企業會計的對象與企業經濟活動的內容密切相關，但不是企業經濟活動的全部內容，企業會計的對象僅指能夠用貨幣表現的資金運動。以工業企業為例，工業企業的資產運動按其運動的程序可分為資金投入、資金使用、資金收回三個基本環節。隨著企業供、產、銷過程的不斷進行，企業的資金也在不斷地進行著循環和週轉，即由貨幣資金轉化為固定資金、儲備資金，再轉化為生產資金、成品資金，最后又轉化為貨幣資金。會計要依次反應各階段的資金運動，這種資金運動也就構成了工業企業會計的一般對象。

會計要素是根據交易或事項的經濟特徵確定的財務會計對象和基本分類。對上述資金運動進行細緻的描述即可看出：企業的資金可表現為保持貨幣形態的資金、原材料占用的資金、固定資產占用的資金、處於生產過程中的在產品占用的資金和完成生產過程待對外銷售產成品占用的資金，我們將這些占用資金的項目統稱為資產。企業

的資金主要來自於兩個方面,即從債權人處取得的部分和企業所有者投入的部分。人們習慣上把前者稱為負債,把後者稱為所有者權益。企業外銷產品取得的貨幣資金是企業運用資金取得的成果,稱為收入;而企業為取得收入而耗費資產的貨幣數額稱為費用;收入與費用之間的差額稱為利潤。上述資產、負債、所有者權益、收入、費用和利潤,就是一般所說的會計要素。可見,會計要素可以使會計對象、會計憑證和會計報表有機地聯繫起來。

上述會計要素中的資產、負債和所有者權益是企業財務狀況的靜態反應,可視為資產負債表要素;收入、費用和利潤是從動態方面來反應企業的經營成果,可視為利潤表要素。人們利用六個會計要素,就可以從靜態和動態兩方面來描述企業的經濟活動。

一、反應企業財務狀況的會計要素

財務狀況是指企業一定日期的資產及權益狀況,是資金運動相對靜止狀態時的表現。一個企業的財務狀況可通過以下會計要素反應:

(一) 資產

資產是指企業過去的交易或事項形成的、由企業擁有或控制的、預期會給企業帶來經濟利益的資源。資產按其流動性不同,分為流動資產、長期股權投資、固定資產、無形資產及其他資產。根據資產的定義,資產具有以下特徵:一是資產應為企業擁有或者控制的資源;二是資產預期會給企業帶來經濟利益;三是資產是由企業過去的交易或者事項形成的。

將一項資源確認為資產,需要符合資產的定義,還應同時滿足以下兩個條件:一是與該資源的有關經濟利益很可能流入企業;二是該資源的成本或者價值能夠可靠計量。

(二) 負債

負債是指企業過去的交易或者事項形成的、預期會導致經濟利益流出企業的現時義務。負債按其流動性的不同,分為流動負債和非流動負債。根據負債的定義,負債具有以下特徵:一是負債是企業承擔的現時義務;二是負債預期會導致經濟利益流出企業;三是負債是由企業過去的交易或事項形成的。

將一項現時義務確認為負債,需要符合負債的定義,還應當同時滿足以下兩個條件:一是與該義務有關的經濟利益很可能流出企業;二是未來流出的經濟利益的金額能夠可靠計量。

(三) 所有者權益

所有者權益是指企業資產扣除負債后,由所有者享有的剩餘權益。企業的所有者權益又稱為股東權益。所有者權益是所有者對企業資產的剩餘索取權,是企業資產中扣除債權人權益后應由所有者享有的部分,既可反應所有者投入資本的保值增值情況,又體現了保護債權人權益的理念。

所有者權益的來源包括所有者投入的資本、直接計入所有者權益的利得和損失、留存收益等，通常是由實收資本（股本）、資本公積、盈餘公積和未分配利潤構成。其中，利得是指由企業非日常活動形成的、會導致所有者權益增加的、與所有者投入資本無關的經濟利益的流入，包括直接計入所有者權益的利得和直接計入當期利潤的利得。損失是指企業非日常活動形成的、會導致所有者權益減少的、與所有者投入資本無關的經濟利益的流出，包括直接計入所有者權益的損失和直接計入當期利潤的損失。

所有者權益的確認和計量主要取決於資產、負債、收入、費用等其他會計要素的確認和計量，尤其是資產和負債的確認與計量。所有者權益即為企業的淨資產，是企業資產總額中扣除債權人權益后的淨額，反應所有者財富的淨增加額。

所有者權益與負債都屬權益，都表現為對企業資產的求償權，都反應在資產負債表的右邊。所有者權益與負債合計總額等於資產總額，但兩者又有明顯的區別，主要表現在以下幾方面：

1. 對象不同

負債是企業對債權人負擔的經濟責任；所有者權益是企業對所有者負擔的經濟責任。

2. 清償的次序不同

債權人有優先獲取企業用以清償債務的資產的要求權；所有者權益則是所有者對剩餘資產的要求權，這種要求權在順序上置於債權人的要求權之後。

3. 享有的權利不同

債權人只有獲取企業用以清償債務的資產的要求權，而沒有經營決策的參與權和收益分配權；所有者則可以參與企業的經營決策及收益分配。

4. 償還的期限不同

企業的負債通常都有約定的償還日期，企業必須定期償還；所有者權益在企業的存續期內一般不存在償還問題，即不存在約定的償還日期，是企業的一項可以長期使用的資金，只有在企業清算時才予以償還。

二、反應企業經營成果的會計要素

經營成果是企業在一定時期內從事生產經營活動取得的最終成果，是資金運動顯著變動狀態的主要表現。一個企業的經營成果可以通過以下會計要素反應：

（一）收入

收入是指企業在日常活動中形成的、會導致所有者權益增加的、與所有者投入資本無關的經濟利益的總流入，包括銷售商品的收入、提供勞務的收入和讓渡資產使用權而取得的收入等。收入的確認至少應當符合以下條件：一是與收入相關的經濟利益很可能流入企業；二是經濟利益流入企業的結果會導致資產的增加或負債的減少；三是經濟利益的流入額能夠可靠計量。

（二）費用

費用是指企業在日常活動中發生的、會導致所有者權益減少的、與向所有者分配

利潤無關的經濟利益的總流出。中國規定的費用類項目有主營業務成本、其他業務成本、稅金及附加、管理費用、銷售費用、財務費用、所得稅費用等。費用的確認至少應當符合以下條件：一是與費用相關的經濟利益應當很可能流出企業；二是經濟利益流出企業的結果會導致資產的減少或負債的增加；三是經濟利益的流出額能夠可靠計量。

(三) 利潤

利潤是指企業在一定會計期間內的經營成果。利潤是評價企業管理層業績的指標之一，也是投資者等財務報告使用者進行決策時的重要參考。利潤包括收入減去費用後的淨額、直接計入當期利潤的利得和損失等。利潤分為兩個層次，第一個層次為營業收入減去營業成本、稅金及附加、管理費用、銷售費用、財務費用，反應企業日常活動的經營業績；第二個層次為再加或減直接計入當期利潤的利得或損失，反應企業非日常活動的取得，即利潤反應收入減去費用和利得減去損失後的淨額。利潤的計算公式如下：

利潤＝（收入－費用）＋（利得－損失）

利潤的確認主要依賴於收入和費用以及利得和損失的確認，其金額的確定也主要取決於收入、費用、利得、損失金額的計量。

例 1-2：

關於資產，有以下說法：

(1) 資產由企業擁有或控制是指企業享有某項資源的所有權，或者雖然不享有某項資源的所有權，但該資源能被企業控制。

(2) 預期在未來發生的交易或者事項也會形成資產。

(3) 符合資產定義和資產確認條件的項目應當列入資產負債表；符合資產定義，但不符合資產確認條件的項目不應列入資產負債表。

你認為哪種說法是正確的？哪種說法是錯誤的？

解析：

資產是指企業過去的交易或者事項形成的、由企業擁有或控制的、預期會給企業帶來經濟利益的資源。因為資產是由企業過去的交易或者事項形成的，所以第二種說法是錯誤的，不符合資產的定義和特徵。將一項資源確認為資產，需要符合資產的定義，還需同時滿足以下兩個條件：一是與該資源的有關經濟利益很可能流入企業；二是該資源的成本或者價值能夠可靠計量。因此，上述說法中，第一種說法和第三種說法是正確的，第二種說法是錯誤的。

第五節　會計要素的計量

會計計量是為了將符合確認條件的會計要素登記入帳並列報於財務報表而確定其金額的過程。企業應當按照規定的會計計量屬性進行計量，確定相關金額。計量屬性

是指予以計量的某一要素的特性。從會計角度講，計量屬性反應的是會計要素金額的確定基礎，主要包括歷史成本、重置成本、可變現淨值、現值和公允價值等。

一、歷史成本

歷史成本又稱為實際成本，就是取得或製造某項財產物資時實際支付的現金或其他等價物。在歷史成本計量下，資產按照購置時支付的現金或者現金等價物的金額，或者按照購置資產時付出的對價的公允價值計量。負債按照因承擔現時義務而實際收到的款項或資產的金額，或者承擔現時義務的合同金額，或者按照日常活動中為償還負債預期需要支付的現金或者現金等價物的金額計量。

二、重置成本

重置成本又稱現行成本，是指按照當前市場條件，重新取得同樣一項資產所需支付的現金或現金等價物金額。在重置成本計量下，資產按照現在購買相同或者相似資產所需支付的現金或現金等價物的金額計量。負債按照現在償還該項債務所需支付的現金或現金等價物的金額計量。

三、可變現淨值

可變現淨值是指在正常生產經營過程中，以資產預計售價減去進一步加工成本和預計銷售費用以及相關稅費后的淨值。在可變淨值計量下，資產按照其正常對外銷售所能收到的現金或者現金等價物的金額扣減該資產完工時估計將要發生的成本、估計的銷售費用以及相關稅費后的金額計量。可變現淨值通常應用於存貨資產減值情況下的后續計量。

四、現值

現值是指對未來現金流量以恰當的折現率進行折現后的價值，是考慮貨幣時間價值的一種計量屬性。在現值計量下，資產按照預計從其持續使用和最終處置中產生的未來淨現金流入量的折現金額計量；負債按照預計期限內需要償還的未來淨現金流出量的折現金額計量。

五、公允價值

公允價值是指在公平交易中，熟悉情況的交易雙方自願進行資產交換或者債務清償的金額。在公允價值計量下，資產和負債按照在公平交易中，熟悉情況的交易雙方自願進行資產交換或者債務清償的金額計量。

根據企業會計準則的規定，中國計量屬性的應用原則是：企業在對會計要素進行計量時，一般應當採用歷史成本；採用重置成本、可變現淨值、現值、公允價值計量的，應當保證所確定的會計要素金額能夠取得並可靠計量。

第二章　資金崗位核算

【本章學習重點】

(1) 庫存現金開支範圍；
(2) 庫存現金會計核算；
(3) 銀行結算方式的種類及其會計核算；
(4) 其他貨幣資金的內容及其會計核算。

第一節　庫存現金的核算

在中國，現金一般是指庫存現金。這是狹義的現金的概念，包括庫存的人民幣和外幣。廣義的現金不僅包括庫存現金，還包括銀行存款和其他符合現金定義的票據。

一、現金管理的基本原則

現金是流動能力最強的貨幣資金，但也有一定的適用範圍的限制，並有相應條例對其進行嚴格的管理。現金管理就是對現金的收、付、存等各環節進行的管理。依據中國《現金管理暫行條例》的規定，現金管理的基本原則如下：

(一) 收付合法原則

收付合法原則是指各單位在收付現金時必須依照國家的財經法規辦理現金收支業務。這裡所說的合法包括兩層含義：一是現金的來源和使用必須合法；二是現金收付必須在合法的範圍內進行。

(二) 錢帳分管原則

錢帳分管，即管錢的不管帳，管帳的不管錢。一方面，非出納員不得經管現金的收付業務和現金保管業務；另一方面，按照《中華人民共和國會計法》的規定，出納員不得兼管稽核、會計檔案保管和收入、費用、債權、債務帳目的登記工作。當然，管錢的不管帳，並不是說出納員不能管理任何帳，只要其所管的帳與現金及銀行存款無關或不影響內部牽制的總體要求即可。例如，出納員在辦理現金收付業務和現金保管的同時，還要登記現金日記帳和編製現金日報表，由會計員登記現金總帳。

(三) 收付兩清原則

收付兩清原則是指為了避免在現金收支過程中發生差錯，防止收付發生長款、短

款，現金收付要做到相互復核，不論工作忙閒、金額大小或對象生熟，出納人員對收付的現金都要進行復核，切實做到現金收付不出差錯，收付款當面點清，以保證收付兩清。

(四) 日清月結原則

日清月結原則是指各單位必須做到對每天發生的現金收付業務，都要記入現金日記帳，結出每天的庫存現金餘額，並把帳面現金餘額與實際庫存現金餘額核對，保證帳實相符。

二、現金開支範圍

按照《現金管理暫行條例》的規定，現金開支範圍如下：
一是職工工資、津貼。
二是支付給個人的勞動報酬。
三是根據國家規定頒發給個人的科學技術、文化藝術、體育等各種獎金。
四是各種勞保、福利費以及國家規定的對個人的其他支出。
五是向個人收購農副產品和其他物資的價款。
六是出差人員必須隨身攜帶的差旅費。
七是結算起點（1,000元人民幣）以下的零星支出。
八是中國人民銀行確定的需要支付現金的其他支出。
不屬於上述規定範圍的款項支付應通過銀行進行轉帳結算。

三、庫存現金的限額

為了滿足企業日常零星開支的需要，按照規定，企業可保持一定數量的庫存現金。庫存現金的限額是指企業根據日常開支的現金量提出計劃，報開戶銀行審查，由開戶銀行根據企業的實際需要和企業距離銀行遠近情況核定的庫存現金的最高限度。其限額一般按照企業3~5天內的日常零星支出所需要現金確定；遠離銀行或交通不便的企業，可以根據企業不超過15天的日常支出來核定。

庫存現金限額經銀行核定批准後，開戶單位應當嚴格遵守，每天現金的結存數不得超過核定的限額。超過庫存現金限額的部分應當日終了前存入銀行，如現金不足限額時可從銀行提取現金，但不得在未經開戶銀行准許的情況下坐支現金。庫存現金限額一般每年核定一次。單位因業務發展需要而變更庫存現金限額時，可向開戶銀行提出申請，由開戶銀行重新核實，經批准後，方可調整，單位不得擅自超出核定限額增加庫存現金。

四、禁止坐支現金

企業支付現金時，應從本企業庫存現金限額中支付或者從開戶銀行提取，而不得從本企業的現金收入中直接支付（即坐支現金）。坐支現金是違反財經紀律的行為，會

受到相應的處罰。因特殊情況需要坐支現金，應事先報開戶銀行審查批准，由開戶銀行核定坐支範圍和限額。企業定期向開戶銀行報送坐支金額及其使用情況。

五、庫存現金的內部控制制度

第一，企業應建立現金的崗位責任制，明確相關部門和崗位的職責權限，確保辦理現金業務的不相容崗位的相互分離、制約和監督。出納人員不得兼任稽核、會計檔案保管和收入以及支出、費用、債權債務帳目的登記工作。

第二，企業辦理現金業務，應配備合格的人員，並根據具體情況進行崗位輪換。

第三，企業應建立現金業務的授權批准制度，明確審批人員對現金業務的授權批准方式、權限、程序、責任和相關控制措施，規定經辦人員辦理現金業務的職責範圍和工作要求。

第四，企業應加強銀行預留印鑒的管理。財務專用章由專人保管，個人名章由本人或其授權人保管。嚴禁一人保管支付款項所需的全部印章。

第五，企業應加強與現金有關的票據的管理，防止空白票據的遺失和被盜。

第六，現金管理「八不準」。按照《現金管理暫行條例》及其實施細則的規定，企業、事業單位和機關、團體、部隊現金管理應遵循以下「八不準」，即不準用不符合財務制度的憑證頂替庫存現金（即不準白條抵庫）；不準單位之間互相借用現金；不準謊報用途套取現金；不準利用銀行帳戶代其他單位和個人存入或支取現金；不準將單位收入的現金以個人名義存入儲蓄；不準保留帳外公款，不得私設「小金庫」；不準變相發行貨幣；不準以任何票券代替人民幣在市場上流通。

開戶單位如有違反現金管理「八不準」的任何一種情況，開戶銀行可按照《現金管理暫行條例》的規定，有權責令其停止違法活動，並根據情節輕重給予警告或罰款。

六、庫存現金的核算

（一）庫存現金序時核算

為了加強對庫存現金的核算與管理，詳細地掌握企業現金收支的動態和結存情況，企業必須設置「現金日記帳」，按照現金收支業務發生的時間先后順序，逐日逐筆進行登記，並逐日結出餘額，以便與實存現金相核對，做到日清月結和帳實相符。

（二）庫存現金總分類核算

企業應設置「庫存現金」帳戶對庫存現金進行總分類核算。「庫存現金」帳戶是資產類帳戶，用以核算庫存現金的收入、支出和結存。收入現金時，記入借方；支出現金時，記入貸方；餘額在借方，表示庫存現金的結存數額。

庫存現金總分類帳由不從事出納工作的會計人員登記，一般採用訂本式三欄式帳簿。月份終了，庫存現金總分類帳餘額與出納人員登記的現金日記帳餘額應核對相符。

會計業務處理模板如下：

1. 發生現金收入業務時

借：庫存現金

　　貸：其他應收款

　　　　應收帳款

　　　　主營業務收入

　　　　其他業務收入

　　　　應交稅費——應交增值稅——銷項稅額

　　　　預收帳款

2. 發生現金支付業務時

借：管理費用

　　銷售費用

　　原材料

　　週轉材料

　　應付帳款

　　其他應收款

　　應交稅費——應交增值稅——進項稅額

　　應付職工薪酬

　　貸：庫存現金

例 2-1：

2016 年 10 月 3 日，浩銳公司採購員張宇借差旅費 1,000 元，以現金支付。根據審批的借款單，編製會計分錄如下：

借：其他應收款——張宇　　　　　　　　　　　　　　　　1,000
　　貸：庫存現金　　　　　　　　　　　　　　　　　　　　1,000

例 2-2：

2016 年 10 月 10 日，浩銳公司採購員張宇報銷差旅費 800 元，交回多餘的現金 200 元。根據差旅費報銷單，編製會計分錄如下：

借：管理費用——差旅費　　　　　　　　　　　　　　　　800
　　庫存現金　　　　　　　　　　　　　　　　　　　　　200
　　貸：其他應收款——張宇　　　　　　　　　　　　　　1,000

例 2-3：

2016 年 10 月 11 日，浩銳公司收到零星銷售商品款 1,170 元（增值稅稅率為 17%）。根據銷售發票和出庫單等相關憑據，編製會計分錄如下：

借：庫存現金　　　　　　　　　　　　　　　　　　　　　1,170
　　貸：主營業務收入　　　　　　　　　　　　　　　　　1,000
　　　　應交稅費——應交增值稅——銷項稅額　　　　　　170

例 2-4：

2016 年 10 月 11 日，浩銳公司把上述收入 1,170 元現金存入銀行。根據銀行現金繳款單，編製會計分錄如下：

借：銀行存款　　　　　　　　　　　　　　　　　　　　　6,000
　　貸：庫存現金　　　　　　　　　　　　　　　　　　　　　6,000

例 2-5：

2016 年 10 月 12 日，浩銳公司以現金支付總經理辦公室購買辦公用品款 100 元。根據現金支付單據和辦公用品發票，編製會計分錄如下：

借：管理費用——辦公費　　　　　　　　　　　　　　　　100
　　貸：庫存現金　　　　　　　　　　　　　　　　　　　　　100

例 2-6：

2016 年 10 月 15 日，浩銳公司向銀行提取現金 30,000 元以備發放工資。根據現金支票存根聯，編製會計分錄如下：

借：庫存現金　　　　　　　　　　　　　　　　　　　　　30,000
　　貸：銀行存款　　　　　　　　　　　　　　　　　　　　30,000

例 2-7：

2016 年 10 月 15 日，浩銳公司發放工資。根據工資清單，編製會計分錄如下：

借：應付職工薪酬　　　　　　　　　　　　　　　　　　　30,000
　　貸：庫存現金　　　　　　　　　　　　　　　　　　　　30,000

七、現金的清查

現金是單位最活躍的一項資產，為了保護單位財產物資的安全完整和保證會計核算資料的客觀真實性，應該對現金進行日常的和不定期的清查審核。所謂日常，就是出納員對於庫存現金必須做到日清月結。所謂不定期，是指事先不規定清查時間，由專人組成清查小組對庫存現金進行的突擊財產清查，重點應放在帳款是否相符、有無白條充抵庫存、有無私借公款、有無挪用公款、有無帳外資金等違紀違法行為上。

（一）日常工作中的現金清查

每天工作結束對帳時，如出現差錯，首先要看差數多少和特點，然后確定查找方法。如當天出納收付數與記帳收付數相符就確定現金保管出現差錯；如數字不符，而差額數字正好是出納對帳時相關的金額，就要確定查帳或查憑證。

1. 查找方法

先看有無憑證漏記情況，再看是否有大寫小寫數錯誤。如發現現金差數既非大寫小寫數的差錯，又不是顛倒的差錯，那就要查是否由於重記、漏記或誤記而引起了差錯。

2. 查庫存現金

必須對所有的票幣逐張、逐枚地復點，並加計總數看是否有誤。

（二）不定期的清查

現金的清查主要是採用實地盤點法，即通過清點票數來確定現金的實存數，然後以實存數與現金日記帳的帳面餘額進行核對，以查明盈虧情況。庫存現金的盤點應由清查小組會同出納員共同負責，一般在當天業務結束或開始之前進行，由出納員親點

現金，清查小組人員和會計主管監看，注意清查時不得以「白條子」抵充庫存現金，盤點結果要填入「現金盤點報告表」，並由清查人員、會計主管和出納員簽章。「現金盤點報告表」兼有盤存單和帳存實存對比表的作用，是反應現金實有數和調整帳簿記錄的重要原始憑證。「現金盤點報告表」一般格式如表 2-1 所示：

表 2-1　　　　　　　　　　　現金盤點報告表
單位名稱　　　　　　　　　　年　月　日　　　　　　　　　　單位：元

帳面金額	實存金額	清查結果（或對比結果）		備註
		盤盈	盤虧	

監盤人：　　　　　　　會計主管：　　　　　　　出納員：

對於現金清查的結果，帳面金額和實存金額不相符，我們說出現了「錯款」。所謂「錯款」，是指當日終了或經過一段時間，庫存現金的實存款和帳存數間的差額。如果現金實存多於帳上結存款，就叫「長款」；反之，則稱「短款」。這些長、短款大都是由於工作差錯造成的，故應及時查清原因，正確處理。如屬於違反現金管理有關規定的，應及時予以糾正；如屬於帳實不符的，應查明原因，並將短款或長款先記入「待處理財產損溢」帳戶，待查明原因後根據情況分別處理。屬於記帳差錯的，應及時予以更正；如果是無法查明原因的長款，應記入「營業外收入」帳戶；如果是無法查明原因的短款，應記入「管理費用」帳戶；如果是由出納員失職造成的短款，通常由出納員賠償，應記入「其他應收款」帳戶。

會計業務處理模板如下：
1. 企業發生現金短缺時
借：待處理財產損溢——待處理流動資產損溢
　貸：庫存現金
2. 企業發生現金溢餘時
借：庫存現金
　貸：待處理財產損溢——待處理流動資產損溢
3. 經批准，對於短缺的現金進行處理時
借：管理費用
　　其他應收款
　貸：待處理財產損溢——待處理流動資產損溢
4. 經批准，對於溢餘的現金進行處理時
借：待處理財產損溢——待處理流動資產損溢
　貸：營業外收入

例 2-8：

2016 年 10 月 31 日，浩銳公司盤點現金，短缺 300 元。根據盤點報告單，編製會計分錄如下：

借：待處理財產損溢——待處理流動資產損溢	300
貸：庫存現金	300

經查，出納員陳強私自借了 100 元給公司業務員王明（有王明打的未經批准的借條），另外 200 元找不到原因。經批准後，編製會計分錄如下：

借：其他應收款——陳強	200
其他應收款——王明	100
貸：待處理財產損溢——待處理流動資產損溢	300

例 2-9：

2016 年 12 月 31 日，浩銳公司清查現金時，發現多了 700 元。根據庫存現金盤點表，編製會計分錄如下：

借：庫存現金	700
貸：待處理財產損溢——待處理流動資產損溢	700

經查，其中 200 元系多收客戶款（廣州燕塘公司），其他 500 元無法找到原因。根據審批意見，編製會計分錄如下：

借：待處理財產損溢——待處理流動資產損溢	700
貸：其他應付款——廣州燕塘公司	200
營業外收入	500

第二節　銀行存款的核算

一、銀行存款概述

銀行存款是企業存放在銀行或其他金融機構的貨幣資金。按照國家《支付結算辦法》的規定，企業應在當地銀行開立帳戶，辦理存款、取款和轉帳等結算業務。開立帳戶后，必須遵守中國人民銀行《銀行帳戶管理辦法》的各項規定。

（一）銀行存款開戶的有關規定

銀行帳戶又稱銀行存款帳戶或存款帳戶，是各單位為辦理結算和申請貸款在銀行開立的戶頭，也是單位委託銀行辦理信貸和轉帳結算以及現金收付業務的工具。銀行帳戶具有監督和反應各單位經濟活動的作用。凡新設立的企業或公司在取得工商行政管理部門頒發的法人營業執照後，可選擇離辦公場所近、辦事工作效率高的銀行申請開設自己的結算戶頭。對非現金使用範圍的開支，都要通過銀行帳戶辦理。根據《銀行帳戶管理辦法》的規定，銀行存款帳戶分為基本存款帳戶、一般存款帳戶、臨時存款帳戶、專用存款帳戶。

基本存款帳戶是存款人辦理日常轉帳結算和現金收付開立的銀行結算帳戶。一個

單位只能選擇一家銀行的一個營業機構開立一個基本存款帳戶，不得在多家銀行機構開立基本存款帳戶。單位的工資、資金、獎金等現金的支取，只能通過基本存款帳戶辦理。

一般存款帳戶是存款人因借款或其他結算需要，在基本存款帳戶開戶銀行以外的銀行營業機構開立的銀行結算帳戶。存款人可以通過該帳戶辦理借款轉存、借款歸還、其他結算的資金收付和現金繳存，但不能辦理現金支取。一個單位不得在同一家銀行的幾個分支機構開立一般存款帳戶。

臨時存款帳戶是企業因臨時經營活動需要開立的帳戶。企業可以通過該帳戶辦理轉帳結算和根據國家現金管理規定辦理現金收付。臨時存款帳戶的有效期最長不得超過2年。

有下列情況的，存款人可以申請開立臨時存款帳戶：

第一，設立臨時機構，如設立工程指揮部、籌備領導小組、攝制組等。

第二，異地臨時經營活動，如建築施工及安裝單位等異地的臨時經營活動。

第三，註冊驗資（註冊驗資的臨時存款帳戶在驗資期間只收不付）。

第四，境外機構及中國港、澳、臺地區機構在中國內地從事經營活動等。

存款人為臨時機構的，只能在其駐地開立一個臨時存款帳戶，不得開立其他銀行結算帳戶；存款人在異地從事臨時活動的，只能在其臨時活動地開立一個臨時存款帳戶；建築施工及安裝單位企業在異地同時承建多個項目的，可以根據建築施工及安裝合同開立不超過項目合同個數的臨時存款帳戶。

專用存款帳戶是存款人按照法律、行政法規和規章的規定，對其特定用途資金進行專項管理和使用而開立的銀行結算帳戶。

企業在銀行開立帳戶后，與其他單位之間的一切收付款項，除制度規定可用現金支付的部分外，都必須通過銀行辦理轉帳結算。銀行結算是社會經濟活動各項資金清算的仲介，銀行結算過程也是一個複雜的款項收付過程。在銀行結算過程中，要涉及收款單位、收款銀行、付款單位、付款銀行等幾個相互關聯的個體以及多個企業環節和繁雜的資金增減變動過程。因此，為保證銀行結算的順利進行，各單位都應嚴格遵守銀行結算的基本原則。這些原則主要有以下幾條：

1. 一個基本帳戶原則

一個基本帳戶原則，即恪守信用，履約付款原則。存款人在銀行開立基本存款帳戶，實行由中國人民銀行當地分支機構核發開戶許可證制度。同時，存款人在其帳戶內必須有足夠的資金，以保證支付。收付款雙方在經濟交往過程中，只有堅持誠實信用，達成交易，才能保證各方經濟活動的順利進行。

2. 自願選擇原則

自願選擇原則是指存款人自己支配原則，即「誰的錢進誰的帳，由誰支配」原則。存款人可以自主選擇銀行開戶，銀行也可以自願選擇存款人；一經雙方相互認可后，存款人應遵循銀行結算的規定；銀行應保證存款人對資金的所有權和自主支配不受侵犯。

3. 存款保密原則

銀行必須為存款人保密，除國家法律規定的國務院授權中國人民銀行總行的監督項目外，銀行不代任何單位和個人查詢、凍結存款人帳戶內的存款，以維護存款人資金的自主支配權。

4. 不墊款原則

銀行在辦理結算時，只負責辦理結算雙方單位的資金轉移，不為任何單位墊付資金。

(二) 支付結算方式

銀行支付結算方式是以銀行作為支付結算和資金清算的仲介，辦理各種貨幣支付和資金清算業務。按照結算雙方所在地區不同，結算方式分為同城結算方式和異地結算方式。所謂同城結算方式，是指同一區域範圍內的轉帳結算方式；所謂異地結算方式，是指不同地區之間的轉帳結算方式。根據中國人民銀行發布的《支付結算辦法》的規定，企業可選擇使用的結算方式有支票、銀行本票、銀行匯票、匯兌、托收承付、商業匯票、委託收款、信用卡、信用證等。

1. 支票

(1) 定義。支票是指單位或個人簽發的，委託辦理支票存款業務的銀行見票時無條件支付確定金額給收款人或持票人的票據。

(2) 種類。

①現金支票，即印有「庫存現金」字樣的支票。現金支票只能用於支取現金。

②轉帳支票，即印有「轉帳」字樣的支票。轉帳支票只能用於轉帳。

③普通支票，即未印有「庫存現金」或「轉帳」字樣的支票。普通支票可以用於支取現金，也可以用於轉帳。在普通支票左上角畫兩條平行線的為劃線支票，它只能用於轉帳，不能用於支取現金。

(3) 金額。支票簽發時，不得超過其付款時在銀行或其他金融機構的支票存款帳戶中實存的存款金額，即不允許簽發空頭支票。否則，銀行予以退票，並按票面金額處以5%但不低於1,000元的罰款。

(4) 付款期限。支票的付款期限為自出票日起10天，中國人民銀行另有規定的除外。對於超過提示付款期限的，持票人開戶銀行不予受理，付款人不予付款。

(5) 適用範圍。支票結算方式是同城結算中應用比較廣泛的一種結算方式。單位和個人在同一票據交換區域的各種款項結算均可使用支票。從2007年7月開始，支票可在全國通用。為防範支付風險，異地使用支票的單筆金額上限為50萬元。

(6) 核算帳戶。在會計核算中，使用「銀行存款」帳戶。

2. 商業匯票

(1) 定義。商業匯票是指出票人簽發的，委託付款人在指定日期無條件支付確定金額給收款人或者持票人的票據。

(2) 種類。商業匯票按承兌人不同，分為商業承兌匯票和銀行承兌匯票。其中，商業承兌匯票是由銀行以外的付款人承兌。商業承兌匯票按交易雙方約定，由銷貨企

業或購貨企業簽發，但由購貨企業承兌。銀行承兌匯票是由在承兌銀行開立存款帳戶的存款人出票，向開戶銀行申請並經銀行審查同意承兌的，保證在指定日期無條件支付確定的金額給收款人或持票人的票據；承兌銀行按票面金額向出票人收取萬分之五的手續費。

上述的收款人、付款人或承兌申請人一般指供貨和購貨單位。在商業承兌匯票中，匯票上的當事人是：出票人，也就是是交易中的收款人，即賣方，或者交易中的付款人，即買方；承兌人，出票人如是賣方，承兌人為買方，出票人如是買方，其本人為承兌人；付款人，即買方的開戶銀行；受款人，即交易中的收款人，也就是賣方。在銀行承兌匯票中，匯票上的當事人是：出票人是承兌申請人；付款人和承兌人是承兌行，即承兌申請人的開戶銀行；受款人是與出票人簽訂購銷合同的收款人，即賣方。

（3）付款期限。商業匯票的承兌期限由交易雙方商定，最長不超過6個月。商業匯票提示付款期限為自匯票到期日起10天。

（4）適用範圍。商業匯票結算方式適用範圍廣泛，在銀行開立帳戶的法人之間根據購銷合同進行的商品交易均可使用商業匯票。商業匯票同城、異地均可使用。

（5）核算帳戶。在會計核算中，對債權方，使用「應收票據」帳戶；對債務方，使用「應付票據」帳戶。

3. 銀行匯票

（1）定義。銀行匯票是指匯款人將款項交存當地出票銀行，由出票銀行簽發的，並由其在見票時按實際結算的金額無條件支付給收款人或持票人的票據。

（2）付款期限。銀行匯票的付款期限為自出票日起1個月。超過提示付款期限不獲付款的，持票人在票據權利時效內向出票銀行提出說明，並提供本人身分證或單位證明，可持銀行匯票和解訖通知向出票銀行請求付款。

（3）適用範圍。對於單位和個人的各種款項結算，異地結算可使用銀行匯票。

（4）核算帳戶。在會計核算中，對於銀行本票的申請人（即債務方），使用「其他貨幣資金——銀行本票」帳戶；對於收款方（即債權方），使用「銀行存款」帳戶。

4. 委託收款

（1）定義。委託收款是指收款人委託銀行向付款人收取款項的結算方式。

（2）種類。委託收款結算方式分為郵寄和電報兩種。

（3）付款期限。以銀行為付款人的，銀行應在當日將款項主動支付給收款人；以單位為付款人的，銀行應及時通知付款單位。付款單位收到銀行交給的委託收款證明及債務證明後，應簽收並在3天內審查債務證明是否真實，是否為本單位的債務，確認之後通知銀行付款。

（4）適用範圍。委託收款結算方式辦理款項收取，同城或異地均可使用。委託收款適用於在銀行或其他金融機構開立帳戶的單位和個體經濟戶的商品交易、勞務款項及其他應收款項的結算。

（5）核算帳戶。在會計核算中，對債權方，使用「應收帳款」帳戶；對債務方，使用「應付帳款」帳戶。

5. 銀行本票

（1）定義。銀行本票是指由銀行簽發的，承諾自己在見票時無條件支付確定的金額給收款人或者持票人的票據。

（2）種類、金額。銀行本票分為定額本票和不定額本票。定額本票面值為 1,000 元、5,000 元、10,000 元、50,000 元。

（3）付款期限。銀行本票的付款期限為自出票日起 2 個月。超過提示付款期限不獲付款的，持票人在票據權利時效內向出票銀行提出說明，並提供本人身分證或單位證明，可持銀行本票向銀行請求付款。

（4）適用範圍。無論單位還是個人，在同一票據交換區域支付各種款項，均可使用銀行本票。

（5）核算帳戶。在會計核算中，對於銀行本票的申請人（即債務方），使用「其他貨幣資金──銀行本票」帳戶；對於收款方（即債權方），使用「銀行存款」帳戶。

6. 匯兌

（1）定義。匯兌是指匯款人委託銀行將其款項支付給收款人的結算方式。

（2）種類。匯兌分為信匯、電匯兩種。信匯是指匯款人委託銀行通過郵寄方式將款項劃轉給收款人；電匯是指匯款人委託銀行通過電報將款項劃轉給收款人。這兩種匯總方式由匯款人根據需要選擇使用。

（3）適用範圍。匯兌結算方式適用於同城或異地之間的各種款項結算。

（4）核算帳戶。在會計核算中，對債權方，使用「應收帳款」帳戶；對債務方，使用「應付帳款」帳戶。

7. 托收承付

（1）定義。托收承付是指根據購銷合同由收款人發貨后委託銀行向異地付款人收取款項，並由付款人向銀行承認付款的結算方式。

（2）主體使用要求。使用托收承付結算方式，必須是國有企業、供銷合作社以及經營管理良好並經開戶銀行審查同意的城鄉集體所有制工業企業。辦理托收承付結算的款項必須是商品交易以及因商品交易而產生的勞務供應款項。代銷、寄銷、賒銷商品的款項不得辦理托收承付結算。

（3）金額。托收承付結算的金額起點為 10,000 元。新華書店系統每筆金額起點為 1,000 元。

（4）付款期限。

①驗單付款，期限為 3 天，從付款人開戶銀行發出承付通知的次日算起。付款人在承付期限內未向銀行表示拒絕付款，銀行即視為承付。

②驗貨付款，期限為 10 天，從運輸部門向付款人發出提貨通知的次日算起。

（5）適用範圍。托收承付結算方式適用於異地之間的各種款項結算。

（6）核算帳戶。在會計核算中，對債權方，使用「應收帳款」帳戶；對債務方，使用「應付帳款」帳戶。

主要結算方式的區別如表 2-2 所示。

表 2-2　　　　　　　　　　　　　主要結算方式的區別

結算方式	適用地域	起點	期限	能否背書	種類	備註
銀行匯票	異地	500元	1個月	能		一律記名，逾期銀行不予辦理
商業匯票	同城、異地		最長不得超過6個月	能	商業承兌匯票和銀行承兌匯票	一律記名，訂有購銷合同的商品交易
銀行本票	同城	定額面額：1,000元 5,000元 10,000元 50,000元	2個月	能	定額本票和不定額本票	一律記名，逾期後銀行不予辦理，但簽發銀行可辦理退款手續
支票	同城、異地	100元	10天	能	現金支票、轉帳支票、普通支票	普通支票可從銀行提取現金，也可辦理轉帳，異地使用支票的單筆金額上限為50萬元
匯兌	同城、異地				信匯、電匯	
委託收款	同城、異地		3天		郵寄、電報	
托收承付	異地		驗單付款3天，驗貨付款10天		郵劃、電劃	有經濟合同的商品交易

二、銀行存款的核算

（一）銀行存款的序時核算

銀行存款日記帳應由出納人員登記，帳簿的格式和登記方法均與庫存現金日記帳基本相同。為了及時瞭解和掌握銀行存款的動態和餘額，銀行存款日記帳的登記也應做到日清月結。

（二）銀行存款的總分類核算

企業設置「銀行存款」總帳帳戶，以對銀行存款進行總分類核算。該帳戶為資產類帳戶，借方登記收入的存款，貸方登記付出的存款，期末餘額在借方，反應存款的結存數額。銀行存款的總分類帳簿由不從事出納工作的會計人員登記。登記的方法、依據和帳簿的格式均與庫存現金總帳基本相同。

會計業務處理模板如下：

1. 發生銀行收入業務或辦理相關結算方式時

借：銀行存款

　　貸：應收帳款

　　　　其他貨幣資金

　　　　預收帳款

　　　　主營業務收入

其他業務收入
　　　應交稅費——應交增值稅——銷項稅額
　　　短期借款
　　　長期借款
　　　應付債券
　　　實收資本
　2. 發生銀行支付業務或辦理相關結算方式時
　借：管理費用
　　　銷售費用
　　　財務費用
　　　應付職工薪酬
　　　其他貨幣資金
　　　週轉材料
　　　原材料
　　　應交稅費——應交增值稅——進項稅額
　　　營業外支出
　　　在途物資
　　　材料採購
　　　應付帳款
　　　預付帳款
　　　貸：銀行存款

例 2-10：

2016 年 6 月 5 日，某公司購入材料一批，不含稅價款 30,000 元，增值稅為 5,100 元，取得了增值稅專用發票。公司開出轉帳支票支付貨款，材料尚未驗收入庫。材料採用實際成本法核算。會計處理如下：

　借：在途物資　　　　　　　　　　　　　　　　　　　　30,000
　　　應交稅費——應交增值稅——進項稅額　　　　　　　5,100
　　　貸：銀行存款　　　　　　　　　　　　　　　　　　　35,100

例 2-11：

2016 年 6 月 6 日，公司收到安飛公司前欠貨款 80,000 元，存入銀行。會計處理如下：

　借：銀行存款　　　　　　　　　　　　　　　　　　　　80,000
　　　貸：應收帳款——安飛公司　　　　　　　　　　　　　80,000

例 2-12：

2016 年 6 月 15 日，公司以銀行存款償還前欠三江公司貨款 100,000 元。會計處理如下：

　借：應付帳款——三江公司　　　　　　　　　　　　　　100,000
　　　貸：銀行存款　　　　　　　　　　　　　　　　　　　100,000

例 2-13：

2016 年 6 月 16 日，公司向銀行借入 150,000 元，期限為 6 個月，借款已存入銀行。會計處理如下：

借：銀行存款　　　　　　　　　　　　　　　　150,000
　　貸：短期借款　　　　　　　　　　　　　　　　　　150,000

例 2-14：

2016 年 12 月 18 日，公司簽發轉帳支票一張，金額為 50,000 元，以支付下半年的財產保險費。根據支票存根聯，會計處理如下：

借：預付帳款　　　　　　　　　　　　　　　　50,000
　　貸：銀行存款　　　　　　　　　　　　　　　　　　50,000

例 2-15：

2016 年 12 月 18 日，公司收到明治公司前欠貨款 15,000 元。根據銀行轉來信匯憑證收帳通知單，會計處理如下：

借：銀行存款　　　　　　　　　　　　　　　　15,000
　　貸：應收帳款——明治公司　　　　　　　　　　　15,000

例 2-16：

2016 年 12 月 19 日，由君飛公司簽發的期限為 5 個月、金額為 40,000 元的商業匯票到期，君飛公司如期兌現。會計處理如下：

借：銀行存款　　　　　　　　　　　　　　　　40,000
　　貸：應收票據——君飛公司　　　　　　　　　　　40,000

三、銀行存款的清查

銀行存款的清查是採用與開戶銀行核對帳目的方法進行的，即將本單位的銀行存款日記帳與開戶行轉來的對帳單逐筆進行核對，檢查帳帳是否相符。

銀行對帳單上的餘額，常與企業銀行存款日記帳上的餘額不一致，其原因一是某一方記帳有錯誤。例如，有的企業同時在幾家銀行開戶，記帳時會發生銀行之間串戶的錯誤，同樣銀行也可能把各存款單位的帳目相互混淆。二是存在未達帳項。所謂未達帳項，是指企業與銀行之間對同一項經濟業務，由於取得憑證的時間不同，導致記帳時間不一致，即發生的一方已取得結算憑證登記入帳，另一方由於尚未取得結算憑證而未入帳的款項。產生未達帳項的原因有以下四種情況：

第一，企業已收，銀行未收。例如，企業收到轉帳支票送存銀行後，登記銀行存款增加；而銀行由於還未收妥該筆款項，尚未記帳。因而形成企業已收款入帳，而銀行尚未收款入帳的情況。

第二，企業已付，銀行未付。例如，企業開出支票支付某筆款項，並根據有關單據登記銀行存款減少；而銀行由於尚未接到該筆款項支付的憑證，未記減少。因而形成企業已付款記帳，而銀行尚未記帳的情況。

第三，銀行已收，企業未收。例如，銀行代企業收入一筆外地匯款，銀行已記存款增加；而企業由於尚未收到匯款憑證，未記增加。因而形成銀行已收款入帳，企業

尚未收款入帳的情況。

第四，銀行已付，企業未付。例如，銀行代企業支付某種費用，銀行已記存款減少；而企業尚未接到有關憑證，未記減少。因而形成銀行已付款記帳，企業尚未付款記帳的情況。

上述任何一種未達帳項的存在，都會使企業銀行存款日記帳餘額與銀行對帳單餘額不一致。出現上述第一種和第四種情況，會使企業銀行存款日記帳的帳面餘額大於銀行對帳單餘額；出現上述第二種和第三種情況則會使企業銀行存款日記帳的帳面餘額小於銀行對帳單餘額。因此，在與銀行核對對帳單時，應首先檢查是否存在未達帳項，如確有未達帳項存在，即編製「銀行餘額調節表」，待調整后，再確定企業與銀行之間記帳是否一致，雙方帳面餘額是否相符。

銀行存款餘額調節表的編製方法有多種。在會計實務中，多採用以雙方的帳面餘額為起點，加減各自的未達帳項，使雙方的餘額達到平衡。應該指出的是，銀行存款餘額調節表只是為了核對帳目，並不能作為調整銀行存款帳面餘額的原始憑證。具體調節公式如下：

銀行存款日記帳餘額 + 銀行已收企業未收的款項 - 銀行已付企業未付的款項 = 銀行對帳單餘額 + 企業已收銀行未收的款項 - 企業已付銀行未付的款項

例 2-17：

明銳公司 2016 年 12 月 31 日的銀行存款日記帳餘額為 58,000 元，銀行對帳單餘額為 60,540 元。經逐筆核對，發現以下未達帳項：

（1）銀行從企業中扣除借款利息 980 元，企業未入帳；
（2）企業 12 月 28 日開出轉帳支票一張，金額 4,280 元，銀行未入帳；
（3）銀行 12 月 29 日收到企業的外地匯款 2,500 元，企業未入帳；
（4）企業 12 月 29 日存入轉帳支票一張 3,260 元，銀行未入帳；

要求：編製銀行存款餘額調節表。

解析：

銀行存款餘額調節表編製如表 2-3 所示：

表 2-3　　　　　　　　　　銀行存款餘額調節表
2016 年 12 月 31 日　　　　　　　　　　　　單位：元

項目	金額	項目	金額
銀行存款日記帳餘額	58,000	銀行對帳單餘額	60,540
加：銀行已收，企業未收	2,500	加：企業已收，銀行未收	3,260
減：銀行已付，企業未付	980	減：企業已付，銀行未付	4,280
調整後餘額	59,520	調整後餘額	59,520

【特別提示】

如果根據未達帳項編製銀行存款餘額調節表，發現調整后的餘額仍不一致時，則存在某一方記帳錯誤，需查找原因並反應在銀行存款餘額調節表裡，以使調整后的餘額一致。

第三節　其他貨幣資金的核算

其他貨幣資金是指企業除庫存現金、銀行存款以外的其他各種貨幣資金，包括外埠存款、銀行匯票存款、銀行本票存款、信用卡存款、信用證保證金、存出投資款等。

為了反應和監督其他貨幣資金的收支和結存情況，企業應當設置「其他貨幣資金」科目，借方登記其他貨幣資金的增加數，貸方登記其他貨幣資金的減少數，期末餘額在借方，反應企業實際持有的其他貨幣資金。「其他貨幣資金」科目應按其他貨幣資金的種類設置明細科目進行明細核算。

一、外埠存款

外埠存款是指企業到外地進行臨時或零星採購時，而匯往採購地銀行開立採購專戶的款項。該帳戶的存款不計利息、只付不收、付完清戶，除了採購人員可從中提取少量現金外，一律採用轉帳結算。

會計業務處理模板如下：

1. 企業將款項委託當地銀行匯往採購地開立專戶時

借：其他貨幣資金——外埠存款
　貸：銀行存款

2. 企業收到採購人員交來的供貨單位發貨票、帳單等報銷憑證時

借：原材料
　　材料採購
　　庫存商品
　　週轉材料
　　在途物資
　　應交稅費——應交增值稅——進項稅額
　貸：其他貨幣資金——外埠存款

3. 用外埠存款採購結束將多餘資金轉回時

借：銀行存款
　貸：其他貨幣資金——外埠存款

二、銀行匯票存款

銀行匯票存款是指企業為取得銀行匯票按照規定存入銀行的款項。

會計業務處理模板如下：

1. 企業在填送銀行匯票申請書並將款項交存銀行，取得銀行匯票時

借：其他貨幣資金——銀行匯票存款
　貸：銀行存款

2. 企業使用銀行匯票進行相關業務結算時
 借：原材料
 　　材料採購
 　　庫存商品
 　　週轉材料
 　　在途物資
 　　應交稅費——應交增值稅——進項稅額
 　貸：其他貨幣資金——銀行匯票存款
3. 如有多餘款或因匯票超過付款期限等原因而退回款項時
 借：銀行存款
 　貸：其他貨幣資金——銀行匯票存款

三、銀行本票存款

銀行本票存款是指企業為取得銀行本票按照規定存入銀行的款項。
會計業務處理模板如下：
1. 企業向銀行提交銀行本票申請書並將款項交給銀行，取得銀行本票時
 借：其他貨幣資金——銀行本票存款
 　貸：銀行存款
2. 企業使用銀行本票進行相關業務結算時
 借：原材料
 　　材料採購
 　　庫存商品
 　　週轉材料
 　　在途物資
 　　應交稅費——應交增值稅——進項稅額
 　貸：其他貨幣資金——銀行本票存款
3. 如有多餘款或因匯票超過付款期限等原因而退回款項時
 借：銀行存款
 　貸：其他貨幣資金——銀行本票存款

四、信用卡存款

信用卡存款是指企業為取得信用卡按照規定存入銀行的款項。信用卡按使用對象的不同，可分為單位卡和個人卡。凡在中國境內金融機構開立基本存款帳戶的單位可申領單位卡。單位卡帳戶資金一律從基本存款帳戶轉入，不得交存現金，不得將銷貨收入的款項存入其帳戶。單位卡不得用於 10 萬元以上的商品交易、勞務供應款項的結算，不得支取現金。信用卡按是否向發卡銀行交存備用金分為貸記卡、準貸記卡。貸記卡是指發卡銀行給予持卡人一定的信用額度，持卡人可在信用額度內先消費、后還款的信用卡。準貸記卡是指持卡人必須先按發卡銀行要求交存一定金額的備用金，當備用金帳戶餘額不足以支付時，可在發卡銀行規定的信用額度內透支的信用卡。

會計業務處理模板如下：
1. 企業應按規定填製申請表，連同支票和有關資料一併送交發卡銀行辦理時
   借：其他貨幣資金——信用卡存款
     貸：銀行存款
2. 企業用信用卡購物或支付有關費用時
   借：管理費用等科目
     貸：其他貨幣資金——信用卡存款
3. 企業信用卡在使用過程中，需要向其帳戶續存資金時
   借：其他貨幣資金——信用卡存款
     貸：銀行存款
4. 如果企業不需要繼續使用信用卡，辦理銷卡時
   借：銀行存款
     貸：其他貨幣資金——信用卡存款

【特別提示】
銷卡時，信用卡餘額轉入企業基本存款戶，不得提取現金。

五、信用證保證金存款

信用證保證金存款是指採用信用證結算方式的企業為開具信用證而按規定存入銀行信用證保證金專戶的金額。企業向銀行申請開立信用證，應按規定向銀行提交開證申請書、信用證申請人承諾書和購銷合同。

會計業務處理模板如下：
1. 企業向銀行繳納保證金時
   借：其他貨幣資金——信用證保證金
     貸：銀行存款
2. 收到開證行交來的信用證通知書及有關單據時
   借：原材料
       材料採購
       庫存商品
       週轉材料
       在途物資
       應交稅費——應交增值稅——進項稅額
     貸：其他貨幣資金——信用證保證金
3. 企業未用完的信用證保證金餘額轉回開戶銀行時
   借：銀行存款
     貸：其他貨幣資金——信用證存款

六、存出投資款

存出投資款是指企業已存入證券公司但尚未進行短期投資的現金。
會計業務處理模板如下：

1. 企業向證券公司劃出資金時

借：其他貨幣資金——存出投資款

　　貸：銀行存款

2. 企業委託證券公司購買股票、債券等進行短期投資時

借：交易性金融資產

　　可供出售金融資產

　　持有至到期投資

　　長期股權投資

　　貸：其他貨幣資金——存出投資款

【特別提示】

企業應當加強對其他貨幣資金的管理，定期對其他貨幣資金進行檢查，對於已經部分不能收回或者全部不能收回的其他貨幣資金，應當查明原因並進行處理，有確鑿證據表明無法收回的，應當根據企業管理權限報經批准後，借記「營業外支出」科目，貸記「其他貨幣資金」科目。

例 2-18：

2016 年 8 月 19 日，公司向開戶銀行申請辦理銀行匯票，公司開出匯票委託書並將款項 10,360 元交存銀行取得銀行匯票。8 月 20 日，公司採用上述的銀行匯票辦理採購貨款的結算，其中貨款 8,000 元，取得了增值稅專用發票，增值稅 1,360 元，材料已驗收入庫。8 月 21 日，公司收到開戶銀行的收帳通知，收到匯票餘款 1,000 元。會計處理如下：

(1) 8 月 19 日。

借：其他貨幣資金——銀行匯票存款　　　　　　　　　　　10,360

　　貸：銀行存款　　　　　　　　　　　　　　　　　　　10,360

(2) 8 月 20 日。

借：原材料　　　　　　　　　　　　　　　　　　　　　　8,000

　　應交稅費——應交增值稅——進項稅額　　　　　　　　1,360

　　貸：其他貨幣資金——銀行匯票存款　　　　　　　　　9,360

(3) 8 月 21 日。

借：銀行存款　　　　　　　　　　　　　　　　　　　　　1,000

　　貸：其他貨幣資金——銀行匯票存款　　　　　　　　　1,000

例 2-19：

2016 年 8 月 21 日，某公司到外地採購材料，開出匯款委託書，委託當地開戶銀行將採購款 8,000 元匯往採購地銀行開立採購專戶。8 月 24 日，公司收到採購人員交來採購專用發票，其中貨款 6,000 元，取得了增值稅專用發票，增值稅 1,020 元，材料已驗收入庫。8 月 26 日，公司接當地銀行通知，匯出的採購專戶存款餘額已匯回，存入公司的銀行存款帳戶。會計處理如下：

(1) 8 月 21 日。

借：其他貨幣資金——外埠存款　　　　　　　　　　　　　8,000

　　貸：銀行存款　　　　　　　　　　　　　　　　　　　8,000

(2) 8月24日。

借：原材料 6,000
　　應交稅費——應交增值稅——進項稅額 1,020
　貸：其他貨幣資金——外埠存款 7,020

(3) 8月26日。

借：銀行存款 980
　貸：其他貨幣資金——外埠存款 980

例2-20：

某企業向證券公司劃出款項800,000元，擬進行短期投資。會計處理如下：

借：其他貨幣資金——存出投資款 800,000
　貸：銀行存款 800,000

例2-21：

某公司決定從飛玫公司採購原材料，2016年12月23日，填製銀行匯票申請書36,000元辦理銀行匯票以便進行採購結算。12月24日，材料入庫，貨款30,000元，增值稅5,100元，公司取得增值稅專用發票，一併以面值36,000元的銀行匯票付訖，餘款尚未收回。12月25日，公司收到銀行轉來多餘款收帳通知，金額為900元，系12月24日簽發的銀行匯票使用后的餘額。會計處理如下：

(1) 12月23日。

借：其他貨幣資金——銀行匯票 36,000
　貸：銀行存款 36,000

(2) 12月24日。

借：原材料 30,000
　　應交稅費——應交增值稅——進項稅額 5,100
　貸：其他貨幣資金——銀行匯票 35,100

(3) 12月25日。

借：銀行存款 900
　貸：其他貨幣資金——銀行匯票 900

第三章　金融資產

【本章學習重點】

(1) 金融資產的定義和分類；
(2) 交易性金融資產的核算；
(3) 持有至到期投資的核算；
(4) 應收款項的核算；
(5) 可供出售金融資產的核算。

第一節　金融資產的定義和分類

企業的金融資產主要包括庫存現金、應收帳款、應收票據、應收利息、應收股利、其他應收款、貸款、墊款、債券投資、基金投資、衍生金融資產等。

企業應當結合自身業務特點和風險管理要求，將取得的金融資產在初始確認時分為以下幾類：

一是以公允價值計量且其變動計入當期損益的金融資產。
二是持有至到期投資。
三是貸款和應收款項。
四是可供出售金融資產。
上述分類一經確定，不得隨意變更。

一、交易性金融資產

(一) 以公允價值計量且其變動計入當期損益的金融資產

以公允價值計量且其變動計入當期損益的金融資產，可以進一步分為交易性金融資產和直接指定為以公允價值計量且其變動計入當期損益的金融資產。

滿足下列條件之一的金融資產，應當劃分為交易性金融資產：

第一，取得該金融資產的目的主要是為了近期內出售。例如，企業以賺取差價為目的從二級市場購入的股票、債券、基金等。

第二，屬於進行集中管理的可辨認金融工具組合的一部分，並且有客觀證據表明企業近期採用短期獲利方式對該組合進行管理。在這種情況下，即使組合中有某個組成項目持有的期限稍長也不受影響。這裡的金融工具組合是指金融資產組合。

第三，屬於衍生工具。但是，被指定為有效套期工具的衍生工具、屬於財務擔保合同的衍生工具、與在活躍市場中沒有報價且其公允價值不能可靠計量的權益工具投資掛鈎並須通過交付該權益工具結算的衍生工具除外。其中，財務擔保合同是指保證人和債權人約定，當債務人不履行債務時，保證人按照約定履行債務或者承擔責任的合同。

(二) 直接指定為以公允價值計量且其變動計入當期損益的金融資產

企業不能隨意將某項金融資產直接指定為以公允價值計量且其變動計入當期損益的金融資產。只有在滿足下列條件之一時，企業才能將某項金融資產直接指定為以公允價值計量且其變動計入當期損益的金融資產：

第一，該指定可以消除或明顯減少由於該金融資產的計量基礎不同而導致的相關利得或損失在確認和計量方面不一致的情況。

第二，企業的風險管理或投資策略的正式書面文件已載明，該金融資產組合等，以公允價值為基礎進行管理、評價並向關鍵管理人員報告。

在活躍市場中沒有報價、公允價值不能可靠計量的權益工具投資，不得指定為以公允價值計量且其變動計入當期損益的金融資產。所謂活躍市場，是指同時具有下列特徵的市場：

一是市場內交易的對象具有同質性。

二是可隨時找到自願交易的買方和賣方。

三是市場價格信息是公開的。

二、持有至到期投資

持有至到期投資是指到期日固定、回收金額固定或可確定，並且企業有明確意圖和能力持有至到期的非衍生金融資產。因為股權投資沒有固定到期日，所以從性質上看，持有至到期投資屬於債券性投資。其具體特徵如下：

(一) 到期日固定、回收金額固定或可確定

到期日固定、回收金額固定或可確定是指相關合同明確了投資者在確定期間內獲得或應收取現金流量（如投資利息和本金等）的金額和時間。因此，從投資者角度看，如果不考慮其他條件，在某項投資劃分為持有至到期投資時可以不考慮可能存在的發行方重大支付風險。由於要求到期日固定，從而權益工具投資不能劃分為持有至到期投資。如果符合其他條件，不能由於某債務工具投資是浮動利率投資而不將其劃分為持有至到期投資。

(二) 有明確意圖持有至到期

有明確意圖持有至到期是指投資者在取得投資時意圖就是明確的，除非遇到一些企業不能控制、預期不會重複發生且難以合理預計的獨立事件，否則將持有至到期。存在下列情況之一的，表明企業沒有明確意圖將金融資產投資持有至到期：

第一，持有該金融資產的期限不確定。

第二，發生市場利率變化、流動性需要變化、替代投資機會及其投資收益率變化、融資來源和條件變化、外匯風險變化等情況時，將出售該金融資產。但是，無法控制、預期不會重複發生且難以合理預計的獨立事項引起的金融資產出售除外。

第三，該金融資產的發行方可以按照明顯低於其攤餘成本的金額清償。

第四，其他表明企業沒有明確意圖將該金融資產持有至到期的情況。

據此，對於發行方可以贖回的債務工具，如發行方行使贖回權，投資者仍可收回其幾乎所有初始淨投資（含支付的溢價和交易費用），那麼投資者可以將此類投資劃分為持有至到期投資。但是，對於投資者有權要求發行方贖回的債務工具投資，投資者不能將其劃分為持有至到期投資。

（三）有能力持有至到期

有能力持有至到期是指企業有足夠的財務資源，並不受外部因素影響將投資持有至到期。

存在下列情況之一的，表明企業沒有能力將具有固定期限的金融投資持有至到期：

第一，沒有可利用的財務資源持續地為該金融資產投資提供資金支持，以使該金融資產投資持有至到期。

第二，受法律、行政法規的限制，使企業難以將該金融資產投資持有至到期。

第三，其他表明企業沒有能力將具有固定期限的金融資產投資持有至到期的情況。企業應當於每個資產負債表日對持有至到期投資的意圖和能力進行評價。發生變化的，應當將其重分類為可供出售金融資產進行處理。

第四，到期前處置或重分類對所持有剩餘非衍生金融資產的影響。企業將持有至到期投資在到期前處置或重分類，通常表明其違背了將投資持有至到期的最初意圖。如果處置或重分類前的金額較大，則企業在處置或重分類後應立即將其剩餘的持有至到期投資（即全部持有至到期投資扣除已處置或重分類的部分）重分類為可供出售金融資產，並且在本會計年度以及以後兩個完整的會計年度內不得再將該金融資產劃分為持有至到期投資。

三、貸款和應收款項

貸款和應收款項是指在活躍市場中沒有報價、回收金額固定或可確定的非衍生金融資產。企業不應將下列非衍生金融資產劃分為貸款和應收款項：

第一，準備立即出售或在近期出售的非衍生金融資產，這類非衍生金融資產應劃分為交易性金融資產。

第二，初始確認時被指定為以公允價值計量且其變動計入當期損益的非衍生金融資產。

第三，初始確認時被指定為可供出售的非衍生金融資產。

第四，因債務人信用惡化以外的原因，使持有方可能難以收回幾乎所有初始投資的非衍生金融資產。

貸款和應收款項泛指一類金融資產，主要是指金融企業發放的貸款和其他債權，

但又不限於金融企業和其他債權。非金融企業持有的現金和銀行存款、銷售商品或提供勞務形成的應收款項、持有的其他企業的債權（不包括在活躍市場上有報價的債務工具）等，只要符合貸款和應收款項的定義，可以歸為這一類。

四、可供出售金融資產

可供出售金融資產是指初始確認時即被指定為可供出售的非衍生金融資產以及下列各類資產以外的金融資產：

一是貸款和應收款項。

二是持有至到期投資。

三是以公允價值計量且其變動計入當期損益的金融資產。例如，企業購入的在活躍市場上有報價的股票、債券和基金等，沒有劃分為以公允價值計量且其變動計入當期損益的金融資產或持有至到期投資等金融資產的，可歸為此類。相對於交易性金融資產而言，可供出售金融資產的持有意圖不明確。投資企業對被投資單位不具有共同控制或重大影響，並且在活躍市場中沒有報價，公允價值不能可靠計量的股權投資，作為按成本計量的可供出售金融資產進行核算，不再作為長期股權投資核算。

五、不同類金融資產之間的重分類

企業在金融資產初始確認時對其進行分類后，不得隨意變更，具體應按如下規定處理：

第一，企業在初始確認時將某項金融資產劃分為以公允價值計量且其變動計入當期損益的金融資產後，不能重分類為其他金融資產；其他類金融資產也不能重分類為以公允價值計量且其變動計入當期損益的金融資產。

第二，持有至到期投資、貸款和應收款項、可供出售金融資產三類金融資產之間不能隨意重分類。

第三，企業因持有意圖或能力的改變，使某項投資不再適合劃分為持有至到期投資的，應將其重分類為可供出售金融資產。

例 3-1：

某企業在 2012 年將某項持有至到期投資出售了一部分，並且出售部分的金額相對於該企業沒有出售之前全部持有至到期投資總額比例較大。出售后，該企業對剩餘的其他持有至到期投資沒有進行重分類。請問：該企業的做法對嗎？

解析：該企業做法是不對的。因為企業將持有至到期投資在到期前處置或重分類，通常表明其違背了將投資持有至到期的最初意圖。如果處置或重分類前的金額較大，則企業在處置或重分類後應立即將其剩餘的持有至到期投資（即全部持有至到期投資扣除已處置或重分類的部分）重分類為可供出售金融資產，並且在本會計年度及以後兩個完整的會計年度內不得再將該金融資產劃分為持有至到期投資。

因此，該企業應當將剩餘的其他持有至到期投資劃分為可供出售金融資產，而且在 2012 年和 2013 年兩個完整的會計年度內不能將該金融資產劃分為持有至到期投資。

第二節　交易性金融資產的核算

交易性金融資產主要是指企業為了近期內出售而購入和持有的金融資產。例如，企業以賺取差價為目的從二級市場購入的股票、債券、基金等。交易性金融資產投資的目的是在保證資金流動性的前提下以能夠承擔的風險為代價獲取證券的短期買賣價差收益，而不是將其長期持有，故這類投資處於時刻交易狀態，在報表中將其歸類於流動資產。

一、交易性金融資產的計量及會計科目設置

交易性金融資產無論是在初始確認還是在資產負債表日均按公允價值計量。為了核算交易性金融資產的取得、收取現金股利或債券利息、處置等業務，企業應當設置「交易性金融資產」「公允價值變動損益」「投資收益」「應收股利」「應收利息」等科目。

「交易性金融資產」科目核算企業為交易目的所持有的債券投資、股票投資、基金投資等交易性金融資產的公允價值。企業持有的直接指定為以公允價值計量且其變動計入當期損益的金融資產也在「交易性金融資產」科目中核算。「交易性金融資產」科目的借方登記交易性金融資產的取得成本、資產負債表日其公允價值高於帳面餘額的差額等；貸方登記資產負債表日其公允價值低於帳面餘額的差額以及企業出售交易性金融資產時結轉的成本和公允價值變動損益。企業應當按照交易性金融資產的類別和品種，分別設置「成本」「公允價值變動」等明細科目進行核算。

「公允價值變動損益」科目核算企業交易性金融資產等公允價值變動而形成的應計入當期損益的利得或損失。「公允價值變動損益」科目的貸方登記資產負債表日企業持有的交易性金融資產等的公允價值高於帳面餘額的差額；借方登記資產負債表日企業持有的交易性金融資產等的公允價值低於帳面餘額的差額。「公允價值變動損益」科目作為損益項目列入利潤表。

「投資收益」科目核算企業持有交易性金融資產等期間取得的投資收益以及處置交易性金融資產等實現的投資收益或投資損失。「投資收益」科目的貸方登記企業出售交易性金融資產等實現的投資收益；借方登記企業為取得交易性金融資產所發生的相關交易費用及企業出售交易性金融資產等發生的投資損失。其中，交易費用是指可直接歸屬於購買、發行或處置金融工具新增的外部費用，包括支付給代理機構、諮詢公司、券商等的手續費和佣金及其他必要支出，但不包括債券溢折價、融資費用、內部管理成本及其他與交易不直接相關的費用。

二、交易性金融資產的帳務處理

(一) 交易性金融資產的取得

企業取得交易性金融資產時，應當按照該金融資產取得時的公允價值作為其初始

確認金額；如果取得交易性金融資產時支付的價款中包含了已宣告但尚未發放的現金股利或已到付息期但尚未領取的債券利息的，應當單獨確認為應收項目。為取得交易性金融資產所發生的相關交易費用應當在發生時計入投資收益。交易費用是指可直接歸屬於購買、發行或處置金融資產工具新增的外部費用，包括支付給代理機構、諮詢公司、券商等的手續費和佣金及其他必要支出。

會計業務處理模板如下：

1. 取得時

借：交易性金融資產——成本
　　投資收益
　　應收利息
　　應收股利
　貸：其他貨幣資金——存出投資款

2. 收到購買時已宣告但尚未發放的現金股利或已到付息期但尚未領取的債券利息時

借：銀行存款
　貸：應收利息
　　　應收股利

(二) 持有期間的股利或利息

企業在持有交易性金融資產的期間裡，對於被投資單位宣告發放的現金股利或企業在資產負債表日按分期付息、一次還本債券投資的票面利率計算的利息收入，應當確認為投資收益，同時也應確認為應收項目。

會計業務處理模板如下：

1. 確認時

借：應收利息
　　應收股利
　貸：投資收益

2. 實際收到時

借：銀行存款
　貸：應收利息
　　　應收股利

(三) 資產負債表日公允價值變動

在資產負債表日，交易性金融資產應當按照公允價值計量，公允價值與帳面餘額之間的差額計入當期損益。

會計業務處理模板如下：

1. 如果在資產負債表日，交易性金融資產公允價值高於其帳面餘額時

借：交易性金融資產——公允價值變動
　貸：公允價值變動損益

2. 如果在資產負債表日，交易性金融資產公允價值低於其帳面餘額時
借：公允價值變動損益
　　貸：交易性金融資產——公允價值變動

(四) 出售交易性金融資產

會計業務處理模板如下：
借：銀行存款
　　　交易性金融資產——公允價值變動
　　貸：交易性金融資產——成本
　　　　　　　　　　——公允價值變動
　　　　投資收益
同時，將原計入該金融資產的公允價值變動轉出：
借：公允價值變動損益
　　貸：投資收益
或
借：投資收益
　　貸：公允價值變動損益

例 3-2：

2016 年 11 月 5 日，A 公司存入證券公司 1,000 萬元備用。11 月 9 日，A 公司委託證券公司從上海證券交易所購入 B 上市公司股票 50 萬股，並將其劃分為交易性金融資產。該筆股票投資在購買日的公允價值為 900 萬元。A 公司另支付相關交易費用金額為 2.5 萬元。

要求：編製 A 公司的帳務處理。

(1) 2016 年 11 月 5 日，存入證券公司 1,000 萬元時：

借：其他貨幣資金——存出投資款　　　　　　　　10,000,000
　　貸：銀行存款　　　　　　　　　　　　　　　10,000,000

(2) 2016 年 11 月 9 日，購入 B 上市公司股票時：

借：交易性金融資產——成本　　　　　　　　　　9,000,000
　　投資收益　　　　　　　　　　　　　　　　　　25,000
　　貸：其他貨幣資金——存出投資款　　　　　　 9,025,000

例 3-3：

2016 年 1 月 8 日，A 公司購入 B 公司發行的公司債券，該筆債券於 2015 年 7 月 1 日發行，面值為 2,000 萬元，票面利率為 4%，債券每年年末付息一次，利息於次年的 2 月份收到。A 公司將其劃分為交易性金融資產，以銀行存款支付價款為 2,100 萬元（其中包括已到付息期尚未領取的債券利息 40 萬元）和交易費用 30 萬元。2016 年 2 月 5 日，A 公司收到該筆債券利息 40 萬元。2016 年 12 月 31 日，A 公司購買的該筆債券的市價為 2,080 萬元。2017 年 2 月 5 日，A 公司收到債券利息 80 萬元。2017 年 2 月 25 日，A 公司出售了所持有的 B 公司發行的公司債券，售價為 2,085 萬元。

要求：編製 A 公司的帳務處理。

(1) 2016 年 1 月 8 日，購入 B 公司債券時：

借：交易性金融資產——成本	20,600,000
應收利息	400,000
投資收益	300,000
貸：其他貨幣資金——存出投資款	21,300,000

(2) 2016 年 2 月 5 日，收到購買價款中包含的已到付息期尚未領取的債券利息時：

借：銀行存款	400,000
貸：應收利息	400,000

(3) 2016 年 12 月 31 日，確認 B 公司的公司債券利息收入時：

借：應收利息	800,000
貸：投資收益	800,000

(4) 2016 年 12 月 31 日，B 公司的公司債券公允價值發生變動時：

借：交易性金融資產——公允價值變動	200,000
貸：公允價值變動損益	200,000

(5) 2017 年 2 月 5 日，收到 B 公司的公司債券利息時：

借：銀行存款	800,000
貸：應收利息	800,000

(6) 2017 年 2 月 25 日，出售 B 公司的公司債券時：

借：銀行存款	20,850,000
貸：交易性金融資產——成本	20,600,000
——公允價值變動	200,000
投資收益	50,000

同時，

借：公允價值變動損益	200,000
貸：投資收益	200,000

第三節　持有至到期投資的核算

持有至到期投資是指到期日固定、回收金額固定或可確定，並且企業有明確意圖和能力持有至到期的非衍生金融資產。從性質上看，持有至到期投資屬於債券性投資。債券的發行，有平價發行（發行價格等於債券面值）、溢價發行（發行價格高於債券面值）、折價發行（發行價格低於債券面值）三種類型。相應地，債券的購入，就有平價購入、溢價購入、折價購入三種類型。

一、持有至到期投資的計量及會計科目設置

取得持有至到期投資時按公允價值計量，其后續計量採用攤餘成本。持有至到期

投資的攤餘成本是指持有至到期投資的初始確認金額經過下列調整后的結果：

第一，扣除已償還的本金。

第二，加上或減去採用實際利率法將該初始確認金額與到期日的差額進行攤銷形成的累積攤銷額。

第三，扣除已發生的減值損失。

企業對持有至到期投資應設置「持有至到期投資」科目進行核算。該科目屬於非流動資產類科目，按照持有至到期投資的類別和品種，分別設置「成本」「利息調整」「應計利息」等明細科目進行核算。

二、持有至到期投資的帳務處理

企業取得的金融資產並確認劃分為持有至到期投資，應按該投資的面值，借記「持有至到期投資——成本」科目；按支付的價款中包含的已到付息期但尚未領取的利息，借記「應收利息」科目；按實際支付的金額，貸記「銀行存款」等科目；按其差額，借記或貸記「持有至到期投資——利息調整」科目。

(一) 折價購買的會計業務處理模板

1. 購買時的會計處理
借：持有至到期投資——成本
　　應收利息
　貸：其他貨幣資金——存出投資款
　　　持有至到期投資——利息調整

2. 持有期間投資收益的確認
借：應收利息
　　持有至到期投資——利息調整
　貸：投資收益
借：銀行存款
　貸：應收利息

3. 到期收回本金
借：銀行存款
　貸：持有至到期投資——成本

例3-4：

甲公司支付936.59元購買乙公司於2013年1月1日發行的面值為1,000元的債券，其票面利率為8%，每年計算並付利息一次，並於4年後的12月31日到期。當時的實際利率為10%。要求：進行相應帳務處理。

　　當時購買價 = 80×（P/A, 10%, 4）+ 1,000×（P/S, 10%, 4）

　　　　　　　= 80×3.169, 9 + 1,000×0.683

　　　　　　　= 253.592 + 683

　　　　　　　= 936.59（元）

具體計算結果如表 3-1 所示：

表 3-1　　　　　　　　　　該債券各年計算結果　　　　　　　　　單位：元

年份	期初攤餘成本 A	實際利息 B＝A×10%	現金流入 C＝面值×8%	差額 D＝B-C	期末攤餘成本 E＝A+D
2013	936.59	93.659	80	13.659	950.249
2014	950.249	95.024,9	80	15.024,9	965.273,9
2015	965.273,9	96.527,39	80	16.527,39	981.801,29
2016	981.801,29	98.198,71*	80	18.198,71	1,000
合計			320	63.41	

＊ 98.198,71＝80＋（63.41－13.659－15.024,9－16.527,39）

1. 購買時的會計處理

借：持有至到期投資——成本　　　　　　　　　　　　　1,000
　　貸：其他貨幣資金——存出投資款　　　　　　　　　　936.59
　　　　持有至到期投資——利息調整　　　　　　　　　　63.41

2. 持有期間投資收益的確認

（1）2013 年時：

借：應收利息　　　　　　　　　　　　　　　　　　　　80
　　持有至到期投資——利息調整　　　　　　　　　　　13.659
　　貸：投資收益　　　　　　　　　　　　　　　　　　93.659
借：銀行存款　　　　　　　　　　　　　　　　　　　　80
　　貸：應收利息　　　　　　　　　　　　　　　　　　80

（2）2014 年時：

借：應收利息　　　　　　　　　　　　　　　　　　　　80
　　持有至到期投資——利息調整　　　　　　　　　　　15.024,9
　　貸：投資收益　　　　　　　　　　　　　　　　　　95.024,9
借：銀行存款　　　　　　　　　　　　　　　　　　　　80
　　貸：應收利息　　　　　　　　　　　　　　　　　　80

（3）2015 年時：

借：應收利息　　　　　　　　　　　　　　　　　　　　80
　　持有至到期投資——利息調整　　　　　　　　　　　16.527,93
　　貸：投資收益　　　　　　　　　　　　　　　　　　96.527,93
借：銀行存款　　　　　　　　　　　　　　　　　　　　80
　　貸：應收利息　　　　　　　　　　　　　　　　　　80

（4）2016 年時：

借：應收利息　　　　　　　　　　　　　　　　　　　　80
　　持有至到期投資——利息調整　　　　　　　　　　　18.198,71
　　貸：投資收益　　　　　　　　　　　　　　　　　　98.198,71

借：銀行存款　　　　　　　　　　　　　　　　　　　　　　　　80
　　貸：應收利息　　　　　　　　　　　　　　　　　　　　　　　80
3. 到期收回本金
借：銀行存款　　　　　　　　　　　　　　　　　　　　　　　1,000
　　貸：持有至到期投資——成本　　　　　　　　　　　　　　1,000

(二) 溢價購買的會計處理模板

1. 購買時的會計處理
借：持有至到期投資——成本
　　持有至到期投資——利息調整
　　貸：其他貨幣資金——存出投資款
2. 持有期間的收益會計處理
借：應收利息
　　貸：持有至到期投資——利息調整
　　　　投資收益
借：銀行存款
　　貸：應收利息
3. 到期收回本金
借：銀行存款
　　貸：持有至到期投資——成本

例 3-5：

甲公司支付 1,066.21 元購買乙公司於 2013 年 1 月 1 日發行的面值為 1,000 元的債券，其票面利率為 10%，每年計算並付利息一次，並於 4 年後的 12 月 31 日到期。當時的實際利率為 8%。要求：進行相關帳務處理。

當時購買價 = 100×（P/A，8%，4）+1,000×（P/S，8%，4）
　　　　　 = 100×3.312,1+1,000×0.735
　　　　　 = 331.21+735
　　　　　 = 1,066.21（元）

具體計算結果如表 3-2 所示：

表 3-2　　　　　　　　該債券各年計算結果　　　　　　　　單位：元

年份	期初攤餘成本 A	實際利息 B＝A×8%	現金流入 C＝面值×10%	差額 D＝C-B	期末攤餘成本 E＝A-D
2013	1,066.21	85.296,8	100	14.703,2	1,051.506,8
2014	1,051.506,8	84.120,5	100	15.879,5	1,035.627,3
2015	1,035.627,3	84.130,2	100	15.869,8	1,019.757,5
2016	1,019.757,5	80.242,5*	100	19.757,5	1,000
合計			400	66.21	

* 80.242,5＝100-（66.21-14.703,2-15.879,5-15.869,8）

1. 購買時的會計處理

借：持有至到期投資——成本　　　　　　　　　　　1,000
　　持有至到期投資——利息調整　　　　　　　　　　66.21
　貸：其他貨幣資金——存出投資款　　　　　　　　1,066.21

2. 持有期間收益的會計處理

（1）2013 年時：

借：應收利息　　　　　　　　　　　　　　　　　　100
　貸：持有至到期投資——利息調整　　　　　　　　14.703,2
　　　投資收益　　　　　　　　　　　　　　　　　85.296,8

借：銀行存款　　　　　　　　　　　　　　　　　　100
　貸：應收利息　　　　　　　　　　　　　　　　　100

（2）2014 年時：

借：應收利息　　　　　　　　　　　　　　　　　　100
　貸：持有至到期投資——利息調整　　　　　　　　15.879,5
　　　投資收益　　　　　　　　　　　　　　　　　84.120,5

借：銀行存款　　　　　　　　　　　　　　　　　　100
　貸：應收利息　　　　　　　　　　　　　　　　　100

（3）2015 年時：

借：應收利息　　　　　　　　　　　　　　　　　　100
　貸：持有至到期投資——利息調整　　　　　　　　15.869,8
　　　投資收益　　　　　　　　　　　　　　　　　84.130,2

借：銀行存款　　　　　　　　　　　　　　　　　　100
　貸：應收利息　　　　　　　　　　　　　　　　　100

（4）2016 年時：

借：應收利息　　　　　　　　　　　　　　　　　　100
　貸：持有至到期投資——利息調整　　　　　　　　19.757,5
　　　投資收益　　　　　　　　　　　　　　　　　80.242,5

借：銀行存款　　　　　　　　　　　　　　　　　　100
　貸：應收利息　　　　　　　　　　　　　　　　　100

3. 到期收回本金

借：銀行存款　　　　　　　　　　　　　　　　　　1,000
　貸：持有至到期投資——成本　　　　　　　　　　1,000

（三）平價購買的會計處理模板

1. 購買時的會計處理

借：持有至到期投資——成本
　貸：其他貨幣資金——存出投資款

2. 持有期間收益的會計處理

借：應收利息
　　貸：投資收益
借：銀行存款
　　貸：應收利息

3. 到期收回本金

借：銀行存款
　　貸：持有至到期投資——成本

例 3-6：

甲公司支付 1,000 元購買乙公司於 2013 年 1 月 1 日發行的面值為 1,000 元的債券，其票面利率為 10%，每年計算並付利息一次，並於 4 年後的 12 月 31 日到期。當時的實際利率為 10%。要求：進行相應帳務處理。

具體計算結果如表 3-3 所示：

表 3-3　　　　　　　　該債券各年計算結果　　　　　　　　單位：元

年份	期初攤餘成本 A	實際利息 B = A×10%	現金流入 C = 面值×10%	差額 D=C-B	期末攤餘成本 E = A-D
2013	1,000	100	100	0	1,000
2014	1,000	100	100	0	1,000
2015	1,000	100	100	0	1,000
2016	1,000	100	100	0	1,000
合計		400	400		

1. 購買時的會計處理

借：持有至到期投資——成本　　　　　　　　　　　　　　1,000
　　貸：其他貨幣資金——存出投資款　　　　　　　　　　　　1,000

2. 持有期間收益的會計處理

(1) 2013 年時：

借：應收利息　　　　　　　　　　　　　　　　　　　　　100
　　貸：投資收益　　　　　　　　　　　　　　　　　　　　　100
借：銀行存款　　　　　　　　　　　　　　　　　　　　　100
　　貸：應收利息　　　　　　　　　　　　　　　　　　　　　100

(2) 2014 年、2015 年、2016 年持有期間收益的會計處理是相同的。

3. 到期收回本金

借：銀行存款　　　　　　　　　　　　　　　　　　　　　1,000
　　貸：持有至到期投資——成本　　　　　　　　　　　　　　1,000

在資產負債表日，企業應對持有至到期投資進行減值測試。持有至到期投資以攤餘成本進行后續計量，如果持有至到期投資的預計未來現金流量現值小於其帳面價值，

則表明該項持有至到期投資發生了減值。

會計業務處理模板如下：

借：資產減值損失
　　貸：持有至到期投資減值準備

【特別提示】

已計提減值準備的持有至到期投資的價值若在以後又得以恢復，應在原已計提的減值準備金額內，按恢復增加的金額借記「持有至到期投資減值準備」科目，貸記「資產減值損失」科目。

第四節　應收款項的核算

一、應收票據的核算

(一) 應收票據概述

應收票據是指企業因採用商業匯票支付方式銷售商品、產品或提供勞務等而收到的商業匯票。

商業匯票是出票人簽發的，委託付款人在指定日期無條件支付確定的金額給收款人或持票人的票據。在銀行開立存款帳戶的法人以及其他組織之間必須具有真實的交易關係或債權債務關係才能使用商業匯票。

商業匯票按承兌人的不同，分為商業承兌匯票和銀行承兌匯票。

商業承兌匯票由銀行以外的付款人承兌。商業承兌匯票按交易雙方的約定，由銷貨企業或購貨企業簽發，但由購貨企業承兌。承兌時，購貨企業應在匯票正面記載「承兌」字樣和承兌日期並簽章。

銀行承兌匯票由銀行承兌，由在承兌銀行開立帳戶的存款人簽發。承兌銀行按票面金額向出票人收取萬分之五的手續費。購貨企業應於匯票到期前將票款足額交存其開戶銀行，以備由承兌銀行在匯票到期日或到期日后的見票當日支付票款。銷貨企業應在匯票到期時將匯票連同進帳單送交開戶銀行以便轉帳收款。承兌銀行憑匯票將承兌款項無條件轉給銷貨企業，如果購貨企業於匯票到期日未能足額交存票款時，承兌銀行除憑票向持票人無條件付款外，對出票人尚未支付的匯票金額按每天萬分之五計收罰息。

商業匯票按照是否計息可分為帶息商業匯票和不帶息商業匯票。帶息商業匯票是指在商業匯票到期時，承兌人必須按票面金額加上應計利息向收款人或被背書人支付票款的票據。不帶息商業匯票是指商業匯票到期時，承兌人只按票面金額（即面值）向收款人或被背書人支付票款的票據。

(二) 應收票據的會計處理

應收票據應當按票據的面值計價，即企業收到應收票據時應按照票據的面值入帳。

為了反應和監督應收票據取得、收回及票據貼現等業務，企業應設置「應收票據」帳戶。該帳戶的借方登記取得的應收票據的面值和計提的票據利息，貸方登記到期收回票款或到期前向銀行貼現的應收票據的票面餘額；期末餘額在借方，反應企業尚未收回且未申請貼現的應收票據的面值和應計利息。該帳戶應按照商業匯票的種類設置明細帳，進行明細核算。

1. 不帶息應收票據的核算

會計業務處理模板如下：

（1）取得票據時：

借：應收票據
  貸：主營業務收入
      應交稅費——應交增值稅——銷項稅額

（2）應收票據到期收回時：

借：銀行存款
  貸：應收票據

（3）到期不能收回的不帶息應收票據：

借：應收帳款
  貸：應收票據

例3-7：

2016年2月A企業銷售一批產品給B企業，貨已發出，貨款30,000元，增值稅稅額為5,100元。雙方商定採用商業匯票結算。B企業交給A企業一張6個月到期不帶息的商業承兌匯票，面額為35,100元。6個月後，應收票據到期，A企業收回款項35,100元，存入銀行。要求：編製相應會計分錄。

（1）取得票據時：

借：應收票據   35,100
  貸：主營業務收入   30,000
      應交稅費——應交增值稅——銷項稅額   5,100

（2）應收票據到期收回時：

借：銀行存款   35,100
  貸：應收票據   35,100

（3）到期不能收回的不帶息應收票據：

借：應收帳款   35,100
  貸：應收票據   35,100

2. 帶息應收票據的核算

帶息應收票據的核算，應注意票據利息的計算，其計算公式如下：

應收票據利息＝票面金額×票面利率×期限

公式中，「票面利率」一般指年利率，「期限」指簽發日至到期日的時間間隔。票據的期限，有按日表示和按月表示兩種。

票據期限按月表示時，應以到期月份中與出票日相同的那一天為到期日。例如，3月

10 日簽發的 3 個月票據，到期日應為 6 月 10 日。月末簽發的票據，不論月份大小，以到期月份的月末那一天為到期日。例如，4 月 30 日簽發的 4 個月票據，到期日應為 8 月 31 日。票據期限按月表示時，計算利息使用的利率要換算成月利率（年利率÷12）。

票據期限按日表示時，應從出票日起按實際經歷天數計算。通常出票日和到期日只能計算其中的一天，即「算頭不算尾」或「算尾不算頭」。例如，3 月 10 日簽發的 90 天票據，其到期日應為 6 月 7 日。同時，計算利息使用的利率要換算成日利率（年利率÷360）。

會計業務處理模板如下：

(1) 期中或年末計算票據的利息時：

借：應收票據
　貸：財務費用

(2) 帶息應收票據到期收回時：

借：銀行存款
　貸：應收票據
　　　財務費用

(3) 到期不能收回帶息應收票據時：

借：應收帳款
　貸：應收票據

例 3-8：

一張面值為 50,000 元、利率為 10%、期限為 180 天的商業匯票，其出票日為 3 月 18 日，求該票據的到期日及應計提利息額。

票據到期日應為 9 月 14 日（3 月 18 日至月底計 14 天；4 月份 30 天；5 月份 31 天；6 月份 30 天；7 月份 31 天；8 月份 31 天；至 9 月 13 日共 180 天，按「算頭不算尾」的辦法，到期日應為 9 月 14 日，14 日不計息）。

該票據應計利息額 = 50,000×10%×180÷360 = 2,500（元）

例 3-9：

甲企業於 2016 年 1 月 1 日銷售一批產品給乙企業，貨已發出，專用發票上註明的銷售收入為 10,000 元，增值稅為 1,700 元。收到乙企業交來的商業承兌匯票一張，期限 5 個月，票面利率為 4%。要求：編製相應會計分錄。

(1) 收到票據時：

借：應收票據　　　　　　　　　　　　　　　　　　　　　11,700
　貸：主營業務收入　　　　　　　　　　　　　　　　　　10,000
　　　應交稅費——應交增值稅——銷項稅額　　　　　　　1,700

(2) 票據到期收回款項時：

收款金額 = 11,700+11,700×4%÷12×5 = 11,895（元）

借：銀行存款　　　　　　　　　　　　　　　　　　　　　11,895
　貸：應收票據　　　　　　　　　　　　　　　　　　　　11,700
　　　財務費用　　　　　　　　　　　　　　　　　　　　　　195

3. 應收票據轉讓的核算

企業可以將自己持有的商業匯票背書轉讓。背書是持票據人在票據背面簽字，簽字人稱為背書人，背書人對票據的到期付款負連帶責任。

(1) 轉讓不帶息的應收票據的會計業務處理模板如下：

借：原材料
　　　材料採購
　　　應交稅費——應交增值稅——進項稅額
　　貸：應收票據

(2) 轉讓帶息的應收票據的會計業務模板如下：

借：原材料
　　　材料採購
　　　應交稅費——應交增值稅——進項稅額
　　貸：應收票據

4. 應收票據貼現

(1) 票據貼現的概念。應收票據貼現是指持票人因急需資金，將未到期的商業匯票背書後質押給銀行，銀行受理後，從票面金額中扣除按銀行的貼現率計算的貼現利息後，將餘額付給貼現企業的業務活動。

應收票據貼現實質上是將商業票據質押給銀行的一種企業融資的形式。在貼現中，企業付給銀行的利息稱為貼現利息，銀行計算貼現利息的利率為貼現率，企業從銀行獲得的票據到期值扣除貼現利息後的貨幣收入稱為貼現所得，即貼現淨額。

(2) 票據貼現的計算及帳務處理。應收票據的貼現要計算貼現期、貼現利息和貼現淨額。其中，貼現期是指自貼現日起至到期日為止的實際天數，也採用「算頭不算尾」或「算尾不算頭」的方法計算確定。若承兌人在異地，貼現天數要另加3天劃款期。貼現的計算公式如下：

票據到期值＝面值＋利息
貼現利息＝票據到期值×貼現率×貼現期
貼現淨額＝票據到期值－貼現利息

貼現時取得貼現款的會計處理模板如下：

借：銀行存款
　　　財務費用
　　貸：應收票據
　　　　財務費用

貼現的商業承兌匯票到期，因承兌人的銀行存款帳戶不足以支付，申請貼現的企業收到銀行退回的商業承兌匯票時，申請貼現企業的銀行存款帳戶餘額充足時，按商業匯票的票面金額，借記「應收帳款」科目，貸記「銀行存款」科目；申請貼現企業的銀行存款帳戶餘額不足時，應按商業匯票的票面金額，借記「應收帳款」科目，貸記「短期借款」科目；銀行作逾期貸款處理。

例 3-10：

某企業4月29日銷售給本市F公司產品一批，貨款總計100,000元，適用增值稅

稅率為17%。F公司交來一張出票日為5月1日、面值為117,000元、期限為3個月的商業承兌無息票據。該企業6月1日持票據到銀行貼現，貼現率為12%（本項貼現業務符合金融資產轉移準則規定的金融資產終止確認條件）。要求：編製相應會計分錄。

(1) 收到票據時：

借：應收票據 117,000
　貸：主營營業收入 100,000
　　　應交稅費——應交增值稅（銷項稅額） 17,000

(2) 6月1日到銀行貼現時，票據到期日為8月1日，貼現期為2個月（6月1日至8月1日）。

票據到期值＝票據票面金額＝117,000（元）
貼現息＝117,000×12%×2÷12＝2,340（元）
貼現額＝117,000－2,340＝114,660（元）

借：銀行存款 114,660
　　財務費用 2,340
　貸：應收票據 117,000

例3-11：

例3-10中，到8月1日，企業已辦理貼現的應收票據到期，若F公司無力向貼現銀行支付票款，貼現銀行將票據退回企業並從該企業的帳戶將票據款劃出。要求：編製相應會計分錄。

借：應收帳款——F公司 117,000
　貸：銀行存款 117,000

例3-12：

例3-10中，到8月1日，企業已辦理貼現的應收票據到期，若F公司無力向貼現銀行支付票款，貼現銀行將票據退回企業，但該企業銀行存款帳戶餘額不足，則貼現銀行將這筆款項金額作為逾期貸款通知該企業。要求：編製相應會計分錄。

借：應收帳款——F公司 117,000
　貸：短期借款 117,000

二、應收帳款的核算

(一) 應收帳款概述

應收帳款是指企業因銷售商品、產品或提供勞務等業務，應向購貨單位或接受勞務單位收取的款項。應收帳款是企業因銷售商品、產品、提供勞務等經營活動形成的債權。核算應收帳款時，必須確定其入帳價值，及時反應應收帳款的形成、收回情況，合理地確認和計量壞帳損失，並按規定計提壞帳準備。

(二) 應收帳款入帳價值的確定

應收帳款應按實際發生額計價入帳。應收帳款的入帳價值包括銷售貨物或提供勞務的價款、增值稅以及代購貨單位墊付的包裝費、運雜費等。在確認應收帳款的入帳

價值時，還要考慮商業折扣等因素。

1. 商業折扣

所謂商業折扣，是指銷售企業為了鼓勵客戶多購商品而在商品標價上給予的扣除。通常用百分數來表示，如10%、20%等。扣減折扣後的淨額才是實際銷售價格。商業折扣一般在交易發生時即已確定，它僅僅是確定實際銷售價格的一種手段，不需在買賣雙方任何一方的帳上反應。因此，在存在商業折扣的情況下，企業應收帳款入帳金額應按扣除商業折扣以後的實際售價確認。

2. 現金折扣

所謂現金折扣，是指債權人為了鼓勵債務人在規定的期限內早日付款而向債務人提供的債務扣除。現金折扣通常發生在以賒銷方式銷售商品及提供勞務的交易中。企業為了鼓勵客戶提前償付貨款，通常與債務人達成協議，債務人在不同的期限內付款可享受不同比例的折扣。現金折扣一般用符號「折扣率/付款期限」來表示。例如，「3/10, 1/20, N/30」表示10天內付款按售價給予3%的折扣，20天內付款按售價給予1%的折扣，30天內付款則不給折扣。

根據企業會計準則的規定，在存在現金折扣的情況下，應收帳款應以未減去現金折扣的金額作為入帳價值，即按總價法入帳。實際發生的現金折扣作為一種理財費用，計入當期發生的損益，即記入「財務費用」會計科目中。

【特別提示】

計算現金折扣時，以應收帳款入帳總金額減去所包含的增值稅金額的數額作為計算現金折扣的基數。

(三) 應收帳款的會計處理

1. 沒有商業折扣情況

會計業務處理模板如下：

借：應收帳款
　　貸：主營業務收入
　　　　其他業務收入
　　　　應交稅費——應交增值稅——銷項稅額

2. 有商業折扣情況

企業發生的應收帳款在有商業折扣的情況下，應按扣除商業折扣後的金額入帳。

3. 有現金折扣情況

企業發生的應收帳款在有現金折扣的情況下，採用總價法入帳，發生的現金折扣作為財務費用處理。

例3-13：

2016年10月1日，甲企業採用委託收款方式向乙企業銷售一批商品，價款為50,000元，增值稅稅率為17%，甲企業以支票方式為乙企業代墊付運費500元，已辦妥托收手續。10月6日，甲企業收到銀行收款通知，收到上述全部貨款。要求：編製相應會計分錄。

(1) 借：應收帳款——乙企業　　　　　　　　　　　　　59,000
　　　貸：主營業務收入　　　　　　　　　　　　　　　50,000
　　　　　應交稅費——應交增值稅——銷項稅額　　　　8,500
　　　　　銀行存款　　　　　　　　　　　　　　　　　　500
(2) 借：銀行存款　　　　　　　　　　　　　　　　　59,000
　　　貸：應收帳款　　　　　　　　　　　　　　　　59,000

例 3-14：

甲企業銷售一批產品給丙企業，按價目表標明的價格計算，不含稅金額為 10,000 元。由於是成批銷售，甲企業給丙企業 10% 的商業折扣，折扣金額為 1,000 元，增值稅稅率為 17%。款項尚未收到。要求：編製相應會計分錄。

借：應收帳款——丙企業　　　　　　　　　　　　　10,530
　　貸：主營業務收入　　　　　　　　　　　　　　　9,000
　　　　應交稅費——應交增值稅——銷項稅額　　　　1,530

例 3-15：

甲企業在 2016 年 9 月 5 日銷售一批產品給丁企業，增值稅專用發票上註明不含稅售價是 10,000 元，增值稅為 1,700 元，產品交付並辦妥托收手續。銷售產品時，甲企業規定現金折扣的條件為「2/10，1/20，N/30」。要求：編製相應會計分錄。

(1) 借：應收帳款——丁企業　　　　　　　　　　　　11,700
　　　貸：主營業務收入　　　　　　　　　　　　　　10,000
　　　　　應交稅費——應交增值稅——銷項稅額　　　　1,700
(2) 如果丁企業在 10 日內付款，甲企業應進行如下帳務處理：
借：銀行存款　　　　　　　　　　　　　　　　　　11,500
　　財務費用　　　　　　　　　　　　　　　　　　　　200
　　貸：應收帳款——丁企業　　　　　　　　　　　11,700
(3) 如果丁企業在 20 日內付款，甲企業應進行如下帳務處理：
借：銀行存款　　　　　　　　　　　　　　　　　　11,600
　　財務費用　　　　　　　　　　　　　　　　　　　　100
　　貸：應收帳款——丁企業　　　　　　　　　　　11,700
(4) 如果丁企業超過了現金折扣的最后期限付款，甲企業應進行如下帳務處理：
借：銀行存款　　　　　　　　　　　　　　　　　　11,700
　　貸：應收帳款——丁企業　　　　　　　　　　　11,700

(四) 壞帳損失的核算

壞帳是指企業無法收回或收回的可能性極小的應收款項，包括應收帳款和其他應收款等。由於發生壞帳而產生的損失，稱為壞帳損失。

企業確認壞帳時，應遵循財務報告的目標和會計核算的基本原則，具體分析各應收帳款的特性、金額的大小、信用期限、債務人的信譽和當時的經營情況等因素。一般來講，企業的應收帳款符合下列條件之一的，應確認為壞帳：債務人破產或死亡，

以其破產財產或遺產清償后仍然無法收回；債務人較長時期內未履行其償債義務，並有足夠的證據表明無法收回或收回的可能性極小。

企業應當在期末對應收帳款進行檢查，並預計可能產生的壞帳損失。對預計可能發生的壞帳損失，計提壞帳準備。企業計提壞帳準備的方法由企業自行確定。企業應當制定計提壞帳準備的政策，明確計提的範圍、方法、帳齡的劃分和提取比例，按照管理權限，經股東大會或董事會或經理（廠長）會議或類似機構批准，按照法律、行政法規的規定報有關各方備案，並備置於企業所在地，以供投資者查閱。壞帳準備計提方法一經確定，不得隨意變更。如需變更，仍需按上述程序，經批准后報送有關各方備案，並在會計報表附註中予以說明。

在計提壞帳準備時，應注意以下幾個問題：

第一，除有確鑿證據表明該項應收款項不能收回或收回的可能性不大外（如債務單位已撤銷、破產、資不抵債、現金流量嚴重不足、發生嚴重的自然災害等導致停產而在短時間內無法償付債務等以及 3 年以上的應收款項），下列情況不能全額計提壞帳準備：

一是當年發生的應收款項。

二是計劃對應收款項進行重組。

三是與關聯方發生的應收款項。

四是其他已逾期但無確鑿證據表明不能收回的應收款項。

第二，對於企業的預付帳款，如有確鑿證據表明其不符合預付帳款性質，或者因供貨單位破產、撤銷等原因已無望再收到所購貨物時，應當將原計入預付帳款的金額轉入其他應收款，並按規定計提壞帳準備。

第三，企業不應對應收票據計提壞帳準備，而應等應收票據到期不能收回轉入應收帳款后，再按規定計提壞帳準備。

壞帳損失的核算方法一般有兩種：直接轉銷法和備抵法。根據中國企業會計準則的規定，企業應採用備抵法核算壞帳損失。

1. 備抵法的概念

備抵法是指採用一定的方法按期估計壞帳損失，計入當期費用，同時建立壞帳準備，當實際發生壞帳損失時，應根據其金額衝減已計提的壞帳準備，同時轉銷相應的應收款項的一種方法。

採用這種方法，壞帳損失計入同一損益期間，體現了權責發生制和配比原則的要求；避免了企業虛盈實虧，體現了謹慎原則的要求；在報表上列示應收款項淨額，使報表使用者能瞭解企業應收款項的可變現金額。

企業採用備抵法進行壞帳損失的核算時，首先應按期估計壞帳損失。估計壞帳損失的方法有應收款項餘額百分比法、帳齡分析法和銷貨百分比法等。

（1）應收款項餘額百分比法。餘額百分比法是根據會計期末應收款項的餘額乘以估計壞帳率即為當期應估計的估計壞帳損失，據此提取壞帳準備。估計壞帳率可以按照以往的數據資料加以確定，也可以根據規定的百分率計算。企業發生的壞帳多，比例相應就高些；反之則低些。

（2）帳齡分析法。帳齡分析法是指根據應收帳款入帳時間的長短來估計壞帳損失一種方法。雖然應收帳款能否收回以及能收回多少不一定完全取決於入帳時間的長短，但一般來說，帳款拖欠的時間越長，發生壞帳的可能性就越大。

（3）銷貨百分比法。銷貨百分比法是指根據賒銷金額的一定百分比估計壞帳損失的一種方法。在採用此方法時，估計壞帳損失百分比可能由於企業生產經營情況的不斷變化而不相適應。因此，必須經常檢查百分比是否能反應企業壞帳損失的實際情況，倘若發現過高或過低的情況，應及時調整百分比。採用該種方法計提壞帳準備時，不用考慮上年「壞帳準備」科目的餘額。

在備抵法下，企業應設置「壞帳準備」帳戶，該帳戶期末餘額一般在貸方，反應企業已經提取但尚未轉銷的壞帳準備數額。

2. 壞帳損失的核算

採用備抵法，壞帳準備可按下列公式計算：

當期應提壞帳準備金額＝本期「應收款項」科目的期末餘額×壞帳準備計提比例

當期實際提取的壞帳準備＝當期應提壞帳準備金額－計提前「壞帳準備」科目的貸方餘額（＋計提前「壞帳準備」科目的借方餘額）

【特別提示】

第一，在每年年末計提壞帳準備前，要充分考慮前期壞帳準備的餘額方向，若壞帳準備的餘額方向在借方，表示前期計提的金額過少，需要在本期補提回來，本期實際計提壞帳準備金額＝應收帳款餘額×計提比例＋前期壞帳準備借方金額。若壞帳準備的餘額方向在貸方，表示前期計提的金額過多，需要在本期衝減計提過多的金額，本期實際計提壞帳準備金額＝應收帳款餘額×計提比例－前期壞帳準備貸方金額。

第二，計提壞帳準備時間在每年年末，也就是在每年的12月末。

第三，檢驗計提壞帳準備正確與否的方法是每年年末應收帳款餘額乘以計提壞帳準備的比率等於壞帳準備的餘額

核算壞帳損失的會計業務處理模板如下：

（1）如果當期按應收款項計算的應提壞帳準備金額大於計提前「壞帳準備」科目的貸方餘額，應按其差額提取壞帳準備。

借：資產減值損失
　　貸：壞帳準備

（2）如果當期按應收款項計算的應提壞帳準備金額小於計提前「壞帳準備」科目的貸方餘額，應按其差額衝減已計提的壞帳準備；如果當期按應收款項計算的應提壞帳準備金額為零，應將「壞帳準備」科目餘額全部衝回。

借：壞帳準備
　　貸：資產減值損失

（3）企業實際發生壞帳時：

借：壞帳準備
　　貸：應收帳款
　　　　其他應收款

（4）如果已確認並轉銷的壞帳以後又收回，其業務處理如下：

借：應收帳款
　　其他應收款
　　貸：壞帳準備

同時，

借：銀行存款
　　貸：應收帳款
　　　　其他應收款

例 3-16：

某企業 2014 年年末應收帳款的餘額為 1,000,000 元，提取壞帳準備的比例為 5‰，2015 年發生了壞帳損失 6,000 元，年末應收帳款的餘額為 1,100,000 元，2016 年已衝銷的應收帳款又收回 1,900 元，期末應收帳款的餘額為 1,200,000 元。要求：進行相應帳務處理。

(1) 2014 年提取壞帳準備 = 1,000,000×5‰ = 5,000（元）

借：資產減值損失　　　　　　　　　　　　　　　　5,000
　　貸：壞帳準備　　　　　　　　　　　　　　　　　5,000

(2) 2015 年轉銷壞帳：

借：壞帳準備　　　　　　　　　　　　　　　　　　6,000
　　貸：應收帳款　　　　　　　　　　　　　　　　　6,000

2015 年年末按應收帳款的餘額計提壞帳準備 = 1,100,000×5‰ = 5,500（元）

年末計提壞帳準備前，「壞帳準備」科目的借方餘額為 1,000 元，則本年度實際應提壞帳準備為 6,500（5,500+1,000）元。

借：資產減值損失　　　　　　　　　　　　　　　　6,500
　　貸：壞帳準備　　　　　　　　　　　　　　　　　6,500

(3) 2016 年已衝銷的應收帳款又收回 1,900 元：

借：應收帳款　　　　　　　　　　　　　　　　　　1,900
　　貸：壞帳準備　　　　　　　　　　　　　　　　　1,900

同時，

借：銀行存款　　　　　　　　　　　　　　　　　　1,900
　　貸：應收帳款　　　　　　　　　　　　　　　　　1,900

2016 年年末按應收帳款的餘額計算提取壞帳準備 = 1,200,000×5‰ = 6,000（元）

至年末，計提壞帳準備前的「壞帳準備」科目的貸方餘額為 7,400 元，本年度應衝銷多提的壞帳準備金額為 1,400（7,400-6,000）元。

借：壞帳準備　　　　　　　　　　　　　　　　　　1,400
　　貸：資產減值損失　　　　　　　　　　　　　　　1,400

例 3-17：

某企業 2016 年 12 月 31 日應收帳款帳齡及估計壞帳損失的情況如表 3-4 所示：

表 3-4　　　　2016 年 12 月 31 日應收帳款帳齡及估計壞帳損失情況表

應收帳款帳齡	應收帳款金額（元）	估計損失（%）	估計損失金額（元）
未到期	60,000	0.5	300
過期 2 個月	50,000	1	500
過期 4 個月	40,000	2	800
過期 6 個月	30,000	3	900
過期 6 個月以上	20,000	4	800
合計	200,000		3,300

要求：

（1）假設在估計壞帳損失前，「壞帳準備」科目有貸方餘額 300 元，計算本期「壞帳準備」科目應入帳的金額，並編製會計分錄。

（2）假設在估計壞帳損失前，「壞帳準備」科目有貸方餘額 4,000 元，計算本期「壞帳準備」科目應入帳的金額，並編製會計分錄。

（3）假設在估計壞帳損失前，「壞帳準備」科目有借方餘額 300 元，計算本期「壞帳準備」科目應入帳的金額，並編製會計分錄。

解析：

（1）從表 3-4 中看出，該企業 2016 年 12 月 31 日「壞帳準備」科目的貸方金額應為 3,300 元，而在估計壞帳損失前，「壞帳準備」科目有貸方餘額 300 元，則該企業本期還應計提 3,000（3,300-300）元的壞帳準備。編製的會計分錄如下：

借：資產減值損失　　　　　　　　　　　　　　　　　　　3,000
　　貸：壞帳準備　　　　　　　　　　　　　　　　　　　　　　3,000

（2）假設在估計壞帳損失前，「壞帳準備」科目有貸方餘額 4,000 元，則該企業本期應沖減 700（3,300-4,000）元的壞帳準備。編製的會計分錄如下：

借：壞帳準備　　　　　　　　　　　　　　　　　　　　　　700
　　貸：資產減值損失　　　　　　　　　　　　　　　　　　　　700

（3）假設在估計壞帳損失前，「壞帳準備」科目有借方餘額 300 元，則該企業本期還應計提 3,600（3,300+300）元的壞帳準備。編製的會計分錄如下：

借：資產減值損失　　　　　　　　　　　　　　　　　　　3,600
　　貸：壞帳準備　　　　　　　　　　　　　　　　　　　　　　3,600

例 3-18：

某公司 2016 年全年賒銷金額為 500,000 元，根據以往資料和經驗，估計壞帳損失率為 3%。要求：根據銷貨百分比法計算 2016 年年末應計提的壞帳準備金額並編製會計分錄。

2016 年年末估計壞帳損失為 = 500,000×3% = 15,000（元）

借：資產減值損失　　　　　　　　　　　　　　　　　　　15,000
　　貸：壞帳準備　　　　　　　　　　　　　　　　　　　　　15,000

第五節　可供出售金融資產的核算

投資企業對被投資單位不具有共同控制或重大影響,並且在活躍市場中沒有報價的,公允價值不能可靠計量的股權投資,作為按成本計量的可供出售金融資產進行核算。其他劃分為可供出售金融資產的投資,會計處理與以公允價值計量且其變動計入當期損益的金融資產的會計處理相比,既有共同點,又有不同點。二者的共同點在於無論是可供出售金融資產還是交易性金融資產,其初始投資和資產負債表日都按公允價值計量。但是,二者也有一些不同。例如,可供出售金融資產取得時發生的交易費用應當計入初始入帳金額,可供出售金融資產后續計量時公允價值變動計入所有者權益,可供出售外幣股權投資因資產負債表日匯率變動形成的匯兌損益計入所有者權益等。

為反應企業可供出售金融資產的購入、持有、出售以及持有期內的公允價值變動情況,會計上設置「可供出售金融資產」帳戶進行核算。該帳戶屬非流動資產類帳戶,按照可供出售金融資產類別和品種,分別設置「成本」「利息調整」「應計利息」「公允價值變動」等明細帳戶進行明細核算。

一、可供出售金融資產的取得

(一)企業取得的可供出售金融資產為股票投資

會計業務處理模板如下:
借:可供出售金融資產——成本
　　應收股利
　貸:其他貨幣資金——存出投資款

(二)企業取得的可供出售金融資產為債券投資

會計業務處理模板如下:
借:可供出售金融資產——成本
　　應收利息
　貸:銀行存款
　　可供出售金融資產——利息調整（差額或在借方）

二、持有期間投資收益的確認

(一)企業取得的可供出售金融資產為股票投資

如果被投資方宣告發放現金股利時才能確認為該項投資的投資收益,會計業務處理模板如下:
借:應收股利
　貸:投資收益

（二）企業取得的可供出售金融資產為債券投資

如果企業取得的可供出售金融資產為債券投資，在資產負債表日計算利息並確認投資收益。債券利息的計算與持有至到期投資計算方法一樣，會計業務處理模板如下：

1. 可供出售金融資產為分期付息，一次還本的債券投資
借：應收利息（按票面利率計算確定的應收未收利息）
　　貸：投資收益（實際利息收入）
　　　　可供出售金融資產——利息調整（差額或在借方）

2. 可供出售金融資產為一次還本付息的債券投資
借：可供出售金融資產——應計利息（按票面利率計算確定的應收未收利息）
　　貸：投資收益（實際利息收入）
　　　　可供出售金融資產——利息調整（差額或在借方）

（三）資產負債表日公允價值變動

資產負債表日如果可供出售金融資產的公允價值高於其帳面餘額，則將按其差額進行帳務處理。會計業務處理模板如下：

借：可供出售金融資產——公允價值變動
　　貸：資本公積——其他資本公積

如果是可供出售金融資產公允價值低於其帳面餘額，則編製相反的會計分錄。

（四）出售可供出售金融資產

會計業務處理模板如下：

借：銀行存款
　　貸：可供出售金融資產——成本
　　　　可供出售金融資產——公允價值變動（或在借方）
　　　　可供出售金融資產——應計利息
　　　　可供出售金融資產——利息調整（或在借方）
　　　　投資收益（或在借方）

同時，還應按其從所有者權益中轉出的公允價值累計變動額轉入「投資收益」帳戶。

借：資本公積——其他資本公積
　　貸：投資收益
或者
借：投資收益
　　貸：資本公積——其他資本公積

例 3-19：

2016 年 5 月 20 日，甲公司從深圳證券交易所購入乙公司股票 1,000,000 股，支付價款合計 5,080,000 元，其中，證券交易稅等交易費用 8,000 元，已宣告但尚未發放現金股利 72,000 元。甲公司將其劃分為可供出售金融資產。2016 年 6 月 20 日，甲公司

收到乙公司發放的現金股利72,000元。2016年12月31日,乙公司股票收盤價為每股4.90元。2017年1月15日,甲公司以每股5元的價格將股票全部出售,同時支付證券交易稅等交易費用7,000元。要求:編製甲公司相應會計分錄。

(1) 2016年5月20日購入乙公司股票時:

借:可供出售金融資產——成本	5,008,000
應收股利	72,000
貸:其他貨幣資金——存出投資款	5,080,000

(2) 2016年6月20日收到乙公司發放的現金股利時:

借:銀行存款	72,000
貸:應收股利	72,000

(3) 2016年12月31日公允價值發生變動時:

借:資本公積——其他資本公積	108,000
貸:可供出售金融資產——公允價值變動	108,000

(4) 2017年1月15日出售股票時:

借:銀行存款	4,993,000
可供出售金融資產——公允價值變動	108,000
貸:可供出售金融資產——成本	5,008,000
投資收益	93,000
借:投資收益	108,000
貸:資本公積——其他資本公積	108,000

例3-20:

甲企業2016年1月1日購入乙公司同日發行的兩年期債券,該債券面值為100萬元,票面利率為4%,實際利率為5%,實際支付價款981,406元,每年付息一次,劃分為可供出售金融資產。要求:編製甲公司的相應會計分錄。

(1) 2016年1月1日購入債券時:

借:可供出售金融資產——成本	1,000,000
貸:其他貨幣資金——存出投資款	981,406
可供出售金融資產——利息調整	18,594

(2) 2016年12月31日計算利息時:

實際利息收入=期初攤餘成本×實際利率=981,406×5%=49,070(元)

應收利息=債券面值×票面利率=1,000,000×4%=40,000(元)

利息調整=49,070-40,000=9,070(元)

借:應收利息	40,000
可供出售金融資產——利息調整	9,070
貸:投資收益	49,070

實際收到利息時:

借:銀行存款	40,000
貸:應收利息	40,000

第四章 存貨

【本章學習重點】

（1）存貨的初始計量；
（2）存貨購進的實際成本法核算；
（3）存貨購進的計劃成本法核算；
（4）存貨發出的核算；
（5）存貨的期末計量。

第一節 存貨的確認和初始計量

一、存貨的確認

（一）存貨的概念與特徵

存貨是指企業在日常生產經營過程中持有的以備出售的產成品或商品以及處在生產過程中的在產品、在生產過程或提供過程中耗用的材料、物料等。

存貨通常有如下特徵：

第一，存貨是有形資產。
第二，存貨是流動資產。
第三，持有存貨的目的是為了在正常生產經營過程中被銷售或耗用。
第四，存貨可能發生價值的減損。

（二）存貨的確認標準

存貨在同時滿足以下兩個條件時，才能加以確認：一是與該存貨有關的經濟利益很可能流入企業；二是該存貨的成本能夠可靠計量。

某個項目要確認為存貨，首先要符合存貨的定義。在此前提下，應當符合上述存貨確認的兩個條件。關於存貨的確認，尚須說明以下幾點。

第一，關於代銷商品。代銷商品（也稱為托銷商品）是指一方委託另一方代其銷售商品。從商品所有權的轉移來分析，代銷商品在售出以前，所有權屬於委託方，受託方只是代對方銷售商品。因此，代銷商品應作為委託方的存貨處理。但為了使受託方加強對代銷商品的核算和管理工作，企業會計制度也要求受託方將其受託代銷商品納入帳內核算。

第二，關於在途商品。對於銷售合同或協議規定已確認銷售（如已收到貨款）但尚未發運給購貨方的商品，應作為購貨方的存貨而不應再作為銷貨方的存貨；對於購貨方已收到商品但尚未收到銷貨方結算發票等的商品，購貨方應作為其存貨處理；對於購貨方已經確認為購進（如付款等）但尚未到達入庫的在途商品，購貨方應將其作為存貨處理。

第三，關於購貨約定。對於約定未來購入的商品，因為企業並沒有實際的購貨行為發生，所以不作為企業的存貨，也不確認有關的負債和費用。

(三) 存貨的分類

1. 按經濟用途分類

(1) 原材料。原材料是指企業在生產過程中經加工改變其形態或性質並構成產品主要實體的各種原料及主要材料、輔助材料、外購半成品（外購件）、修理用備件（備品、備件）、包裝材料、燃料等。

(2) 在產品。在產品是指企業正在製造但尚未完工的生產物，包括正在各生產工序加工的產品以及已加工完畢但尚未檢驗或已檢驗但尚未辦理入庫手續的產品。

(3) 半成品。半成品是指經過一定生產過程並已檢驗合格交付半成品倉庫保管，但還未製造完工成為產成品，仍需進一步加工的中間產品。半成品不包括從一個生產車間轉給另一個生產車間繼續加工的自制半成品以及不能單獨計算成本的自制半成品。

(4) 產成品。產成品是指工業企業已經完成全部生產過程並驗收入庫，可以按照合同規定的條件送交訂貨單位，或者可以作為商品對外銷售的產品。企業接受外來原材料加工製造的代製品和為外單位加工修理的代修品，製造和修理完成驗收入庫後，應視同企業的產成品。

(5) 商品。商品是指商品流通企業的商品，包括外購或委加工完成驗收入庫用於銷售的各種商品。

(6) 包裝物。包裝物是指生產流通過程中，為包裝本企業的產品或商品並隨它們一起出售、出借或出租的各種包裝容器，如桶、箱、瓶、壇、袋等。包裝物的主要作用是盛裝、裝潢產品或商品。

但是，下列包裝物在會計上不作為包裝物存貨進行核算：一是各種包裝用的材料，如紙、繩、鐵絲、鐵皮等，應作為低值易耗品進行核算；二是企業在生產經營過程中用於儲存和保管產品或商品、材料、半成品、零件等，而不隨同產品或商品出售、出租或出借的包裝物，如企業在經營過程中週轉使用的包裝容器，應按其價值大小和使用年限長短，分別歸入固定資產或低值易耗品進行核算。

(7) 低值易耗品。低值易耗品是指不能作為固定資產的各種用具物品，如工具、管理用具、玻璃器皿、勞動保護用品以及在經營過程中週轉使用的容器等。低值易耗品的特點是單位價值較低，使用期限相對於固定資產較短，在使用過程中基本保持其原有實物形態不變。

(8) 委託代銷商品。委託代銷商品是指企業委託其他單位代銷的商品。

(9) 委託加工物資。委託加工物資是指企業委託外單位加工的各種材料、商品等

物資。

2. 按存入地點分類

企業的存貨分佈於供、產、銷各個環節，按存放地點可分為在庫存貨、在途存貨、在制存貨和發出存貨。

3. 按取得來源分類

存貨按取得來源可分為外購存貨、自制存貨、委託加工存貨、投資者投入的存貨、接受捐贈的存貨、盤盈的存貨等。

二、存貨的初始計量

存貨應當按照成本進行初始計量。存貨成本包括採購成本、加工成本和其他成本。企業存貨的來源不同，其成本構成內容也不同。

（一）外購存貨的計價

存貨的採購成本一般包括購買價款、相關稅費、運輸費、裝卸費、保險費以及其他可歸屬於存貨採購成本的費用，具體包括買價、運雜費、運輸途中的合理損耗、入庫前的整理挑選費、購入物資負擔的稅金和其他費用。

對於商品流通業的外購商品，其採購過程中發生的買價以外的相關進貨費用應計入存貨採購成本，也可以先行歸集，期末根據所購商品的存銷情況進行分攤。企業採購商品的進貨費用金額較小的，可以在發生時計入當期損益。

【特別提示】

對於一般納稅人來講，購進貨物時沒有取得增值稅專用發票，而只是取得了增值稅普通發票，所支付的增值稅計入購進貨物的成本中。對於小規模納稅人來講，購進貨物所支付的增值稅只能全部計入購進貨物的成本中。

（二）自制存貨的計價

自制存貨的成本主要由採購成本、加工成本以及使存貨達到目前場所和狀態所發生的其他成本構成。其中，存貨的加工成本是指存貨加工過程中發生的追加費用，包括直接人工以及按照一定方法分配的製造費用。存貨的其他成本是指除採購成本、加工成本以外的，使存貨到達目前場所和狀態所發生的其他支出，如為特定客戶設計產品所發生的設計費用等。

（三）委託加工存貨的計價

對於委託加工的存貨，以實際耗用的原材料或者半成品及加工費、運輸費、裝卸費和保險費等費用以及按規定應計入成本的稅金作為實際成本。

（四）接受投資存貨的計價

對於投資者投入的存貨，應當按照投資合同或協議約定的價值確定，但合同或協議約定價值不公允的除外。

（五）接受捐贈的存貨的計價

對於接受捐贈的存貨，按以下規定確定其實際成本：

第一，捐贈方提供了有關憑據（如發票、報關單、有關協議）的，按憑據上標明的金額加上應支付的相關稅費作為實際成本。

第二，捐贈方沒有提供有關憑據的，按如下順序確定其實際成本：

一是同類或類似存貨存在活躍市場的，按同類或類似存貨的市場價格估計的金額加上應支付的相關稅費作為實際成本。

二是同類或類似存貨不存在活躍市場的，按該接受捐贈的存貨的預計未來現金流量現值作為實際成本。

（六）盤盈存貨的計價

對於盤盈的存貨，按同類或類似存貨的市場價格作為實際成本。

（七）企業提供勞務的計價

對於企業提供勞務的，按所發生的從事勞務提供人員的直接人工和其他直接費用以及可歸屬的間接費用計入存貨成本。

例 4-1：

某增值稅一般納稅人企業於 2016 年 12 月 12 日購入乙材料 5,000 千克，收到的增值稅專用發票上註明的單價為每千克 1,200 元，增值稅為 1,020,000 元，另發生不含增值稅的運輸費用 60,000 元（取得了增值稅專用發票，增值稅稅率為 11%），裝卸費用 20,000 元，途中保險費用 18,000 元。原材料運抵企業後，驗收入庫原材料為 4,996 千克，運輸途中發生合理損耗 4 千克。求該原材料的入帳價值。

解析：

該原材料的入帳價值 = 5,000×1,200+60,000+20,000+18,000
= 6,098,000（元）

第二節　存貨購進的核算

一、存貨購進的實際成本法核算

對於存貨日常核算，可以按實際成本核算，也可以按計劃成本核算。存貨按實際成本核算，不論是總分類核算，還是明細分類核算，都按實際成本計價。實際成本法一般適用於規模較小、存貨品種簡單、採購業務不多的企業。下面以原材料為例，介紹實際成本法核算。

（一）實際成本法下原材料核算的帳戶設置

原材料按實際成本核算時，應設置「原材料」「在途物資」等帳戶。

「原材料」帳戶屬於資產類帳戶，用來核算企業庫存的各種原材料實際成本。該帳戶借方登記收入原材料的實際成本；貸方登記發出原材料的實際成本；期末餘額在借方，表示庫存原材料的實際成本。

「在途物資」帳戶用來核算企業已經付款或已開出承兌商業匯票但尚未到達或尚未

驗收入庫的各種物資的實際成本。該帳戶借方登記已支付或已開出承兌商業匯票的各種物資的實際成本；貸方登記已驗收入庫物資的實際成本；期末餘額在借方，表示已經付款或已開出承兌商業匯票但尚未到達或尚未驗收入庫的在途物資的實際成本。

（二）實際成本法下原材料取得的核算

由於結算方式和採購地點的不同，材料入庫和貨款的支付在時間上往往不一致，因而其帳務處理也有所不同。材料入庫和貨款的支付所在時間的不同，形成以下三種基本情況：材料到達企業驗收入庫，同時貨款已經支付；結算憑證已到，貨款已付，材料尚未驗收入庫；材料已驗收入庫，貨款尚未支付。

1. 材料到達企業驗收入庫，貨款已支付

會計業務處理模板如下：

借：原材料
　　週轉材料
　　庫存商品
　　應交稅費——應交增值稅——進項稅額
　貸：銀行存款
　　其他貨幣資金

例 4-2：

某企業經有關稅務部門核定為一般納稅人，某日該企業從本地購進 A 材料一批，取得的增值稅專用發票上註明的原材料不含稅貨款計 100,000 元，增值稅稅額為 17,000 元，發票等結算憑證已經收到，材料已驗收入庫，貨款已通過銀行轉帳支付。要求：編製相應會計分錄。

借：原材料　　　　　　　　　　　　　　　　　　　　　100,000
　　應交稅費——應交增值稅——進項稅額　　　　　　　　17,000
　貸：銀行存款　　　　　　　　　　　　　　　　　　　　　　117,000

2. 結算憑證已到，貨款已付，材料尚未驗收入庫

會計業務處理模板如下：

（1）結算憑證已到，貨款已付，材料尚未驗收入庫：

借：在途物資
　　應交稅費——應交增值稅——進項稅額
　貸：銀行存款
　　其他貨幣資金

（2）材料驗收入庫后：

借：原材料
　貸：在途物資

例 4-3：

某企業收到銀行轉來的托收承付付款通知以及發票，向甲公司購進原材料一批，不含稅買價為 200,000 元，增值稅為 34,000 元，取得了增值稅專用發票，經審核無誤，

到期承付，材料尚未驗收入庫。要求：編製相應會計分錄。

借：在途物資 200,000
　　應交稅費——應交增值稅——進項稅額 34,000
　貸：銀行存款 234,000

3. 材料已驗收入庫，貨款尚未支付

根據貨款未付的幾種形式，又分為下面三種情況：

(1) 發票帳單已到，貨款暫欠。

會計業務處理模板如下：

借：原材料
　　週轉材料
　　庫存商品
　　應交稅費——應交增值稅——進項稅額
　貸：應付帳款

例 4-4：

某公司從外地購進甲材料，不含稅買價為 630,000 元，增值稅為 107,100 元，取得了增值稅專用發票，材料已到達企業且驗收入庫，並收到委託收款、運單等單證。企業無款支付，貨款暫欠。要求：編製相應會計分錄。

借：原材料 630,000
　　應交稅費——應交增值稅——進項稅額 107,100
　貸：應付帳款 737,100

(2) 發票帳單已到，企業開出商業匯票。

會計業務處理模板如下：

借：原材料
　　庫存商品
　　週轉材料
　　應交稅費——應交增值稅——進項稅額
　貸：應付票據

例 4-5：

某公司由外地購進甲材料，不含稅買價為 200,000 元，增值稅為 34,000 元，取得了增值稅專用發票，材料已到達企業且驗收入庫，企業開出一張面值為 234,000 元，期限為 2 個月的商業承兌匯票支付款項。要求：編製相應會計分錄。

借：原材料 200,000
　　應交稅費——應交增值稅——進項稅額 34,000
　貸：應付票據 234,000

(3) 發票帳單未到，企業無法付款。

會計業務處理模板如下：

①月末，發票帳單未到，企業無法付款，按材料的暫估價值入帳。

借：原材料

　　　　週轉材料
　　　　庫存商品
　　貸：應付帳款——暫估應付帳款
②下月初用紅字編製上述同樣的記帳憑證予以衝回。
③收到結算憑證。
　　借：原材料
　　　　週轉材料
　　　　庫存商品
　　　　應交稅費——應交增值稅——進項稅額
　　貸：銀行存款
　　　　其他貨幣資金
　　　　應付票據
　　　　應付帳款

例 4-6：
　　某公司 8 月 25 日從外地購進乙材料一批，材料已運達並驗收入庫，結算憑證尚未到達，款項未付。8 月 31 日結算憑證仍未到，該批材料估價為 11,000 元。9 月 26 日各結算憑證到達，該批材料增值稅專用發票上註明價款為 10,000 元，增值稅為 1,700 元，全部款項通過銀行轉帳支付。要求：編製相應會計分錄。

　　(1) 8 月 31 日，材料雖已驗收入庫，但結算憑證仍未到，款項未付，月末按估價暫估入帳。

　　借：原材料　　　　　　　　　　　　　　　　　　　　　　11,000
　　　　貸：應付帳款——暫估應付帳款　　　　　　　　　　　　　　　11,000

　　(2) 9 月 1 日，將估價入帳的材料以紅字衝回。

　　借：原材料　　　　　　　　　　　　　　　　　　　　　　11,000
　　　　貸：應付帳款——暫估應付帳款　　　　　　　　　　　　　　　11,000

　　(3) 9 月 26 日結算憑證到達，並支付貨款。

　　借：原材料　　　　　　　　　　　　　　　　　　　　　　10,000
　　　　應交稅費——應交增值稅——進項稅額　　　　　　　　　　1,700
　　　　貸：銀行存款　　　　　　　　　　　　　　　　　　　　　　　11,700

(三) 購料途中發生短缺和毀損

　　如果是運輸途中的合理損耗，應當計入材料採購成本，無需進行業務處理。

　　如果是供貨單位責任事故造成的短缺，應視款項是否已經支付而進行相應的帳務處理。如果尚未支付貨款，應按短缺的數量和發票金額填寫拒付理由書，向銀行辦理拒付手續。如果貨款已經支付，並已記入「在途物資」帳戶的情況下，在材料運達企業驗收入庫，發現短缺或毀損時，應根據有關的索賠憑證，編製會計分錄。

　　會計業務處理模板如下：

　　借：應付帳款

貸：在途物資
　　　　應交稅費——應交增值稅——進項稅額
　如果是運輸部門的責任事故造成的短缺或毀損，其會計業務處理模板如下：
　借：其他應收款
　　貸：在途物資
　　　　應交稅費——應交增值稅——進項稅額轉出
　如果是在運輸途中發生的非常損失和尚待查明原因的途中損耗，其會計業務處理模板如下：
　①查明原因前：
　借：待處理財產損溢——待處理流動資產損溢
　　貸：原材料
　　　　應交稅費——應交增值稅——進項稅額轉出
　②待查明原因經批准后：
　借：應付帳款
　　　其他應收款
　　　管理費用
　　　營業外支出——非常損失
　　貸：待處理財產損溢——待處理流動資產損溢
【特別提示】
　如果是因自然災害等非正常原因造成的損失，應將扣除殘料價值和過失人、保險公司賠償后的淨損失，借記「營業外支出——非常損失」科目；如果是其他無法收回的損失，經批准后，借記「管理費用」科目。

二、存貨購進的計劃成本法核算

　計劃成本法是指企業存貨的收入、發出和結餘均按預先制定的計劃成本計價，實際成本與計劃成本之間的差額單獨進行核算。存貨按計劃成本核算，要求存貨的總分類核算和明細分類核算均按計劃成本計價。單位計劃成本一旦確定，在一定時期內應相對固定不變，以收、發、存的數量乘以相應的單位計劃成本就可計算出收發成本，核算比較簡單、迅速。計劃成本法一般適用於存貨品種繁多、收發頻繁的企業。

（一）計劃成本法下原材料核算的帳戶設置

　原材料按計劃成本核算時，應設置「原材料」「材料採購」和「材料成本差異」等帳戶。

　「原材料」帳戶屬於資產類帳戶。在計劃成本法下，該帳戶用來核算企業庫存的各種原材料的計劃成本。該帳戶借方登記驗收入庫材料的計劃成本；貸方登記發出原材料的計劃成本；期末餘額在借方，表示庫存原材料的計劃成本。

　「材料採購」帳戶核算企業採用計劃成本進行材料日常核算時購入材料的採購成本。該帳戶的借方登記外購材料的實際成本；貸方登記已驗收入庫的材料的計劃成本。

借方大於貸方表示超支，從本帳戶貸方轉入「材料成本差異」帳戶的借方；借方小於貸方表示節約，從本帳戶借方轉入「材料成本差異」帳戶的貸方。月末借方餘額表示尚未驗收入庫的在途材料的實際成本。

「材料成本差異」帳戶是資產類帳戶，是「原材料」帳戶的調整帳戶，用來核算材料實際成本與計劃成本的差異。借方登記驗收入庫材料的實際成本大於計劃成本的超支差異以及發出材料應承擔的節約差異，貸方登記驗收入庫材料的實際成本小於計劃成本的節約差異以及發出材料應承擔的超支差異。期末餘額若在借方，表示庫存各種材料實際成本大於計劃成本的超支差異；期末餘額若在貸方，表示庫存各種材料實際成本小於計劃成本的節約差異。

【特別提示】

在計劃成本法下，原材料（週轉材料、庫存商品）的實際成本＝原材料（週轉材料、庫存商品）的計劃成本±材料成本差異

(二) 計劃成本法下原材料取得的核算

1. 材料到達企業驗收入庫，貨款已支付

會計業務處理模板如下：

借：材料採購（實際成本）
　　應交稅費——應交增值稅——進項稅額
　貸：銀行存款
　　　其他貨幣資金
借：原材料（計劃成本）
　　週轉材料
　　庫存商品
　貸：材料採購（計劃成本）

若實際採購成本大於計劃成本，則超支，會計業務處理模板如下：

借：材料成本差異
　貸：材料採購

若實際採購成本小於計劃成本，則節約，會計業務處理模板如下：

借：材料採購
　貸：材料成本差異

例 4-7：

某企業經有關部門核定為一般納稅人，某日該企業從本地購進 A 材料 1,000 千克，取得的增值稅專用發票上註明的原材料貨款計 100,000 元，增值稅稅額為 17,000 元，發票等結算憑證已經收到，材料已驗收入庫，貨款已通過銀行轉帳支付。該材料的計劃單價為 98 元。要求：編製相應會計分錄。

借：材料採購　　　　　　　　　　　　　　　　　　100,000
　　應交稅費——應交增值稅——進項稅額　　　　　17,000
　貸：銀行存款　　　　　　　　　　　　　　　　　117,000

借：原材料	98,000
貸：材料採購	98,000
借：材料成本差異	2,000
貸：材料採購	2,000

2. 結算憑證已到，貨款已付，材料尚未驗收入庫

會計業務處理模板如下：

(1) 結算憑證已到，貨款已付，材料尚未驗收入庫。

借：材料採購
　　應交稅費——應交增值稅——進項稅額
　　貸：銀行存款
　　　　其他貨幣資金

(2) 材料驗收入庫后

借：原材料（計劃成本）
　　週轉材料（計劃成本）
　　庫存商品（計劃成本）
　　貸：材料採購（計劃成本）

若實際成本大於計劃成本，則超支，企業會計處理為：

借：材料成本差異
　　貸：材料採購

若實際成本小於計劃成本，則節約，企業會計處理為：

借：材料採購
　　貸：材料成本差異

例 4-8：

某企業收到銀行轉來的托收承付付款通知以及發票，向甲公司購進原材料 4,000 千克，不含稅買價為 200,000 元，增值稅專用發票上註明稅款為 34,000 元，經審核無誤，到期承付，材料尚未驗收入庫。該材料的計劃單價為 52 元。要求：編製相應會計分錄。

借：材料採購	200,000
應交稅費——應交增值稅——進項稅額	34,000
貸：銀行存款	234,000

3. 材料已驗收入庫，貨款尚未支付

根據貨款未付的幾種形式，貨款未付又分為下面幾種情況：

(1) 發票帳單已到，貨款暫欠或開出商業匯票。

會計業務處理模板如下：

借：材料採購
　　應交稅費——應交增值稅——進項稅額
　　貸：應付帳款
　　　　應付票據

借：原材料（計劃成本）
　　週轉材料（計劃成本）
　　庫存商品（計劃成本）
　　貸：材料採購（計劃成本）
若實際成本大於計劃成本，則超支，企業會計處理為：
借：材料成本差異
　　貸：材料採購
若實際成本小於計劃成本，則節約，企業會計處理為：
借：材料採購
　　貸：材料成本差異

例 4-9：
某公司由外地購進甲材料，不含稅買價為 630,000 元，增值稅為 107,100 元，取得了增值稅專用發票，材料已到達企業且驗收入庫，並收到委託收款、運單等單證。企業無款支付，貨款暫欠。該批材料計劃成本為 650,000 元。要求：編製相應會計分錄。

借：材料採購　　　　　　　　　　　　　　　　630,000
　　應交稅費——應交增值稅——進項稅額　　　107,100
　　貸：應付帳款　　　　　　　　　　　　　　　　737,100
借：原材料　　　　　　　　　　　　　　　　　650,000
　　貸：材料採購　　　　　　　　　　　　　　　　650,000
借：材料採購　　　　　　　　　　　　　　　　 20,000
　　貸：材料成本差異　　　　　　　　　　　　　　 20,000

（2）發票帳單未到，企業無法付款，會計業務處理模板如下：
①月末，發票帳單未到，企業無法付款，按材料的計劃成本入帳。
借：原材料
　　貸：應付帳款——暫估應付帳款
②下月初用紅字編製上述同樣的記帳憑證予以衝回。
③收到結算憑證。
借：材料採購（實際成本）
　　應交稅費——應交增值稅——進項稅額
　　貸：銀行存款
　　　　其他貨幣資金
　　　　應付票據
　　　　應付帳款
借：原材料（計劃成本）
　　週轉材料（計劃成本）
　　庫存商品（計劃成本）
　　貸：材料採購（計劃成本）
若實際成本大於計劃成本，則超支，企業會計處理為：

借：材料成本差異

　　貸：材料採購

若實際成本小於計劃成本，則節約，企業會處理板為：

借：材料採購

　　貸：材料成本差異

例4-10：

某公司8月25日從外地購進乙材料一批，材料已運達並驗收入庫，結算憑證尚未到達，款項未付。8月31日結算憑證仍未到，該批材料計劃成本為10,000元。9月26日各結算憑證到達，該批材料增值稅專用發票上註明價款為10,000元，增值稅為1,700元，另支付運雜費1,000元，沒有取得增值稅發票，全部款項已通過銀行轉帳支付。要求：編製相應會計分錄。

（1）8月31日，材料雖已驗收入庫，但結算憑證仍未到，款項未付，月末按計劃成本入帳。

借：原材料		10,000
貸：應付帳款——暫估應付帳款		10,000

（2）9月1日，將估價入帳的材料以紅字衝回。

借：原材料		10,000
貸：應付帳款——暫估應付帳款		10,000

（3）9月26日，結算憑證到達，支付貨款。

借：材料採購		11,000
應交稅費——應交增值稅——進項稅額		1,700
貸：銀行存款		12,700
借：原材料		10,000
材料成本差異		1,000
貸：材料採購		11,000
借：原材料		10,000
貸：材料採購		10,000
借：材料成本差異		1,000
貸：材料採購		1,000

（三）購進過程中發生的合理損耗及其他各種原因造成的短少的會計處理

在原材料、庫存商品、週轉材料購進過程中，發生的合理損耗，按實際發生的各項支出計入採購貨物的實際總成本，按實際入庫數量乘以計劃單位成本，計算出該批採購貨物的計劃總成本，實際總成本與計劃總成本的差額記入「材料成本差異」帳戶。

例4-11：

某公司於9月15日購進A商品一批，購買的數量為600個，單位不含稅實際成本為100元，取得了增值稅專用發票，增值稅稅率為17%，計劃單位成本為95元，材料驗收入庫時只有590個，經查，系運輸途中的合理損耗。款項已通過銀行轉帳支付。

要求：編製相應會計分錄。

借：材料採購		60,000
應交稅費——應交增值稅——進項稅額		10,200
貸：銀行存款		70,200
借：庫存商品		56,050
貸：材料採購		56,050
借：材料成本差異		3,950
貸：材料採購		3,950

在原材料、庫存商品、週轉材料購進過程中，由於供貨單位原因所造成的短少，若供貨單位不會再補齊所欠的貨物時，按實際驗收入庫的數量乘以實際單位成本計算出採購貨物的實際總成本，按實際入庫數量乘以計劃單位成本，計算出該批採購貨物的計劃總成本，實際總成本與計劃總成本的差額記入「材料成本差異」帳戶。若供貨單位稍后再補齊所欠的貨物時，其會計處理同正常的購進會計處理是一樣的，只不過對短少的貨物數量先做一個備查登記就行了。

例 4-12：

某公司於 9 月 15 日向甲公司購進 A 商品一批，購買的數量為 600 個，單位不含稅實際成本為 100 元，取得了增值稅專用發票，增值稅稅率為 17%，計劃單位成本為 95 元，材料驗收入庫時只有 590 個，經查，系供貨單位少發了 10 個。款項已通過銀行轉帳支付。經和供貨單位聯繫，對方沒有同樣的 A 商品再提供，同意將多收的貨款退回，但目前還沒有收到。要求：編製相應會計分錄。

借：材料採購		60,000
應交稅費——應交增值稅——進項稅額		10,200
貸：銀行存款		70,200
借：應收帳款——甲公司		1,170
貸：材料採購		1,000
應交稅費——應交增值稅——進項稅額轉出		170
借：庫存商品		56,050
貸：材料採購		56,050
借：材料成本差異		2,950
貸：材料採購		2,950

在原材料、庫存商品、週轉材料購進過程中，由於運輸單位原因所造成的短少，按實際驗收入庫的數量乘以實際單位成本，計算出採購貨物的實際總成本，按實際入庫數量乘以計劃單位成本，計算出該批採購貨物的計劃總成本，實際總成本與計劃總成本的差額記入「材料成本差異」帳戶。應當由運輸單位承擔的貨物短少的成本記入「其他應收款」帳戶中，然后向運輸單位索賠。

例 4-13：

某公司於 9 月 15 日向甲公司購進 A 商品一批，購買的數量為 600 個，單位不含稅實際成本為 100 元，取得了增值稅專用發票，增值稅稅率為 17%，計劃單位成本為

95元，材料驗收入庫時只有590個，經查，系運輸單位廣州順豐物流公司在運輸途中丟失了10個。款項已通過銀行轉帳支付。經和運輸單位聯繫，對方同意賠償該筆款項，但目前還沒有收到。要求：編製相應會計分錄。

借：材料採購　　　　　　　　　　　　　　　　　　　　　60,000
　　應交稅費——應交增值稅——進項稅額　　　　　　　　　10,200
　　貸：銀行存款　　　　　　　　　　　　　　　　　　　　70,200
借：其他應收款——廣州順豐　　　　　　　　　　　　　　　1,170
　　貸：材料採購　　　　　　　　　　　　　　　　　　　　1,000
　　　　應交稅費——應交增值稅——進項稅額轉出　　　　　　170
借：庫存商品　　　　　　　　　　　　　　　　　　　　　　56,050
　　貸：材料採購　　　　　　　　　　　　　　　　　　　　56,050
借：材料成本差異　　　　　　　　　　　　　　　　　　　　2,950
　　貸：材料採購　　　　　　　　　　　　　　　　　　　　2,950

第三節　存貨發出的核算

日常工作中，企業存貨的發出，即庫存商品、週轉材料、原材料因生產或銷售等原因被領用或被銷售，可以按實際成本核算，也可以按計劃成本核算。如果採用計劃成本核算，會計期末應調整為實際成本。

一、實際成本法下，存貨發出的核算

企業應當根據各類存貨的實物流轉方式、企業管理的要求、存貨的性質等實際情況，合理確定發出存貨成本的計算方法以及當期發出存貨的實際成本。對於性質和用途相同的存貨，應當採用相同的成本計算方法確定發出存貨的成本。在實際成本法核算方式下，企業可以採用的發出存貨成本的計價方法有先進先出法、加權平均法、個別計價法等。

（一）先進先出法

先進先出法是指根據先入庫先發出的原則，對於發出的存貨，以先入庫存貨的單價進行計價，從而計算發出存貨成本的方法。採用先進先出法計算發出存貨成本的具體做法是：先按第一批入庫存貨的單價計算發出存貨的成本，領發完畢後，再按第二批入庫存貨的單價計算，以此類推。若領發的存貨屬於前後兩批入庫的，並且單價又不一樣，就分別用兩個單價計算。在採用先進先出法的情況下，由於期末結存材料金額是根據近期入庫存貨成本計價的，其價值接近於市場價格，並能隨時結轉發出存貨的實際成本。但每次發出存貨要根據先入庫的單價計算，工作量較大，一般適用於收發存貨次數不多的情況。當物價上漲時，採用先進先出法會高估企業當期利潤和庫存存貨價值；反之，會低估企業當期利潤和庫存存貨價值。

(二) 加權平均法

加權平均法包括月末一次加權平均法和移動加權平均法。

1. 月末一次加權平均法

月末一次加權平均法是指在期末計算存貨的平均單位成本時，用期初存貨數量和本期各批收入的數量作為權數來確定存貨的平均單位成本，從而計算出期末存貨和已銷存貨成本的一種計價方法。計算公式如下：

加權平均單位成本＝(期初存貨成本＋本期收入存貨成本)÷(期初存貨數量＋本期收入存貨數量)

本期銷售或耗用存貨成本＝本期銷售或耗用存貨數量×加權平均單位成本

期末結存存貨成本＝期末結存存貨數量×加權平均單位成本

期末結存存貨成本＝期末結存存貨數量×加權平均單位成本

【特別提示】

考慮到計算出的加權平均單位成本不一定是整數，往往是要在小數點之后四捨五入，為了保證帳面數字之間的平衡關係，一般採用倒擠成本法計算發出存貨的成本，即：

本期銷售或耗用存貨成本＝月初結存存貨成本＋本期收入存貨成本－期末結存存貨成本

採用月末一次加權平均法，只需在期末計算一次加權平均單價，比較簡單。但平時從帳上無法提供存貨的收、發、存情況，不利於存貨的管理。

2. 移動加權平均法

移動加權平均法是指在每次收到存貨以後，以各批收入數量與各批收入前的結存數量為權數，為存貨計算出新的加權平均單位成本的一種方法。每次進貨后，都要重新計算一次加權平均單位成本。計算公式如下：

移動加權平均單位成本＝(結存存貨成本＋本批進貨成本)÷(結存存貨數量＋本批進貨數量)

本批銷售或耗用存貨成本＝本批銷售或耗用存貨數量×本批存貨移動加權平均單位成本

移動加權平均法的優點是便於管理人員及時瞭解存貨的結存情況，並且每當購入新的存貨，就要重新計算加權平均單位成本，使得存貨的單價比較接近於市場價格。移動加權平均法的缺點是計算量較大。

(三) 個別計價法

個別計價法又稱為分批計價法，是指認定每一件或每一批的實際單價，計算發出該件或該批存貨成本的方法。計算公式如下：

發出存貨成本＝發出存貨數量×該件（批）存貨單價

採用個別計價法，對每件或每批購進的存貨應分別存放，並分別登記存貨明細分類帳。對每次領用的存貨，應在存貨領用單上註明購進的件別或批次，便於按照該件或該批存貨的實際單價計算其耗用金額。

個別認定法的成本計算準確，符合實際情況，但在存貨收發頻繁的情況下，其發出成本分辨的工作量較大。因此，這種方法適用於一般不能替代使用的存貨、為特定項目專門購入或製造的存貨以及提供的勞務，如珠寶、名畫等數量品種較少、單位價值較高的存貨。

例 4-14：

2016 年 3 月，甲公司存貨的收、發、存如表 4-1 所示：

表 4-1　　　　　　　　2016 年 3 月甲公司存貨的收、發、存表

2016年		憑證編號	摘要	收入		發出		結存	
月	日			數量	單價	數量	單價	數量	單價
3	1	略	期初餘額					6	5
	5		購入	8	4				
	10		購入	6	3				
	18		發出			17			
	25		購入	20	2				
	28		發出			14			
	31		合計	34		31		9	

（註：此題僅表明計算原理，金額單位與數量單位均省略。）

要求：分別按先進先出法、月末一次加權平均法和移動加權平均法，求出 3 月份發出存貨的成本和月末結存存貨的成本（如有小數，四捨五入保留兩位小數）。

解析：

(1) 採用先進先出法。

本月發出存貨的成本 =（6×5+8×4+3×3）+（3×3+11×2）= 102

月末結存存貨的成本 = 9×2 = 18

(2) 採用月末一次加權平均法。

加權平均單位成本 =（6×5+8×4+6×3+20×2）÷（6+8+6+20）= 3

本月發出存貨的成本 =（17+14）×3 = 93

月末結存存貨的成本 = 9×3 = 27

(3) 採用移動加權平均法。

① 3 月 5 日：

加權平均單位成本 =（6×5+8×4）÷（6+8）= 62÷14 = 4.43

結存存貨的成本 =（6+8）×4.43 = 62.02

② 3 月 10 日：

加權平均單位成本 =（62.02+6×3）÷（14+6）= 80.02÷20 = 4

結存存貨的成本 =（6+8+6）×4 = 80

③ 3 月 18 日：

發出存貨的成本 = 17×4 = 68

結存存貨的成本＝80−68＝12
④ 3月25日：
加權平均單位成本＝(12+20×2)÷(3+20)＝52÷23＝2.26
結存存貨的成本＝(3+20)×2.26＝52
⑤ 3月28日：
發出存貨的成本＝14×2.26＝31.64
結存存貨的成本＝52−31.64＝20.36
⑥ 本月發出存貨的總成本＝68+31.64＝99.64
月末結存存貨的成本＝6×5+(8×4+6×3+20×2)−99.64＝20.36

原材料、週轉材料、庫存商品等存貨發出時，採用不同的計價方法，對於主營業務成本、其他業務成本或生產成本等金額的影響顯然是不同的，最終會影響到企業的利潤、應繳納的企業所得稅及結存存貨的期末成本。因此，存貨發出的計價方法一旦確定，除非會計準則發生變更或一些客觀現實情況發生改變等原因，不得隨意變更存貨的計價方法。

(四) 原材料發出的核算

根據「領料單」或「限額領料單」「領料登記簿」或「發出材料匯兌表」登記發出材料的記帳憑證，進而登記原材料明細帳。企業發出的材料，根據不同的用途，分別計入相應會計科目。會計業務處理模板如下：

借：生產成本
　　管理費用
　　製造費用
　　銷售費用
　　其他業務成本
　貸：原材料

例 4-15：

甲企業本月發出材料共計 78,000 元，其中用於製造產品 61,000 元，車間領用 10,000 元，管理部門領用 7,000 元。要求：編製相應會計分錄。

借：生產成本　　　　　　　　　　　　　　　　　61,000
　　製造費用　　　　　　　　　　　　　　　　　10,000
　　管理費用　　　　　　　　　　　　　　　　　　7,000
　貸：原材料　　　　　　　　　　　　　　　　　78,000

二、計劃成本法下原材料發出的核算

在計劃成本法下，企業發出材料時，一律採用計劃成本計價，根據不同的用途，借記「生產成本」「製造費用」「管理費用」等科目，貸記「原材料」科目。期末再將發出材料計劃成本調整為實際成本，調整公式如下：

實際成本＝計劃成本±材料成本差異

在期末，根據「原材料」和「材料成本差異」科目的記錄，計算出材料成本差異分配率和本期發出材料應承擔的材料成本差異。發出材料應負擔的成本差異應當按期（月）分攤，不得在季末或年末一次計算。有關計算公式如下：

材料成本差異分配率＝（期初結存材料成本差異＋本期收入材料成本差異）÷（期初結存材料計劃成本＋本期收入材料計劃成本）×100%

上式中，材料成本差異如果是節約差異，用負號表示。

發出材料應負擔的材料成本差異＝本期發出材料計劃成本×材料成本差異率

例 4-16：

甲企業採用計劃成本法，2016年6月份A材料收、發、存情況如下：

（1）原材料期初餘額為5,800元，「材料成本差異」帳戶期初貸方餘額為212元，原材料計劃單位成本為5.20元。

（2）6月5日和6月19日購入材料的數量分別為1,500千克和2,000千克，實際購貨成本分別為7,600元和10,332元。

（3）本月發出材料1,600千克用於生產產品。

要求：進行發出材料及結轉材料成本差異的會計處理。

（1）發出材料時：

借：生產成本　　　　　　　　　　　　　　　　　　　　8,320
　　貸：原材料——A材料　　　　　　　　　　　　　　　　　8,320

（2）材料成本差異分配率＝（-212＋7,600-1,500×5.20＋10,332-2,000×5.20）÷（5,800＋1,500×5.20＋2,000×5.20）＝（-480）÷24,000＝-2%

本月耗用材料應承擔的材料成本差異＝（-2%）×8,320＝-166.40（元）

借：材料成本差異　　　　　　　　　　　　　　　　　　166.40
　　貸：生產成本　　　　　　　　　　　　　　　　　　　　166.40

第四節　存貨的期末計量

一、存貨清查

（一）存貨清查概述

存貨的品種、規格繁多。在收、發、存過程中，由於種種原因，如計量或計算上的差錯，自然損耗，丟失、被盜或毀損等現象，往往造成帳實不符。因此，必須建立和健全各種規章制度，對存貨進行清查盤點，如實反應企業存貨的實有數額，保證存貨核算的真實性，監督存貨的安全完整。

存貨清查的內容一般包括核對存貨的帳存數和實存數；查明盤盈、盤虧存貨的品種、規格和數量；查明變質、毀損、積壓呆滯存貨的品種、規格和數量。

企業在年終編製會計報表以前，必須進行一次全面清查，以確保年度決算報告的真實性。年度內應進行定期或不定期清查、全面或局部清查。年終清查應由有關的領

導幹部、會計人員和供應保管部門的有關職工組成清查小組負責進行；平時清查則可由會計人員會同倉庫管理人員進行。

(二) 存貨清查核算

企業會計制度規定，經股東大會或董事會或經理（廠長）會議或類似機構批准后，對盤盈、盤虧和毀損的存貨，應在期末結帳前處理完畢。如在期末結帳前未經批准的，應在對外提供財務報告時先進行處理，並在會計報表附註中作出說明，如果其后批准處理的金額與已處理的金額不一致，應按其差額調整會計報表相關項目的年初數。

為反應存貨清查盤盈、盤虧的發生和財產盤盈、盤虧的發生和帳務處理，應設置「待處理財產損溢」科目。該科目核算企業在清查財產過程中查明的各種財產盤盈、盤虧和毀損的價值。該科目貸方登記材料、產品等的盤盈數（不包括固定資產）以及批准處理各項資產的盤虧、毀損的價值；借方登記材料、產品等的盤虧、毀損數以及批准處理各項資產的盤盈數（不包括固定資產）。企業的財產損溢應查明原因，在期末結帳前處理完畢，處理后本科目應無餘額。

1. 存貨盤盈的核算

對存貨盤盈的金額一般進行衝減管理費用處理。

2. 存貨盤虧的核算

對盤虧、毀損等的損失要分別按不同性質的原因進行處理。由於自然損耗造成的定額以內的短缺，應在相關成本費用中核銷；由於各種原因造成的超定額損耗，應該明確責任后，由有關單位或個人賠償，實在無法確定責任單位或個人的扣除殘料價值，在管理費用中核銷；由於自然災害等不可抗拒原因發生的嚴重損失，應在扣除保險公司賠償后扣除處置收入、過失人賠償，在營業外支出中列支。

會計業務處理模板如下：

(1) 企業發生存貨盤虧時：

借：待處理財產損溢——待處理流動資產損溢
　貸：原材料
　　　週轉材料
　　　庫存商品
　　　應交稅費——應交增值稅——進項稅額轉出

(2) 企業發生存貨盤盈時：

借：原材料
　　週轉材料
　　庫存商品
　貸：待處理財產損溢——待處理流動資產損溢

(3) 經批准，對於盤虧的存貨進行處理時：

借：管理費用
　　其他應收款

營業外支出

　　貸：待處理財產損溢——待處理流動資產損溢

(4) 經批准，對於盤盈的存貨進行處理時：

　　借：待處理財產損溢——待處理流動資產損溢

　　貸：管理費用

例 4-17：

企業在財產清查盤點中發現庫存商品盤虧 1,000 元，購進時取得了增值稅專用發票，該商品的進項稅額為 170 元。經查明，該項盤虧的存貨由於管理不善造成的。要求：編製相應會計分錄。

(1) 批准前：

借：待處理財產損溢——待處理流動資產損溢	1,170
貸：庫存商品	1,000
應交稅費——應交增值稅——進項稅額轉出	170

(2) 批准后：

借：營業外支出	1,170
貸：待處理財產損溢——待處理流動資產損溢	1,170

【特別提示】

如果企業存貨是採用計劃成本核算的，還應當同時結轉應負擔的成本差異。

從 2009 年 1 月 1 日開始，非正常損失是指因管理不善造成被盜、丟失、霉爛變質的損失。「自然灾害損失」已不屬於增值稅法規規定進項稅額不得從銷項稅額中抵扣的「非正常損失」的範圍。因此，自然灾害造成損失不作進項稅額轉出處理。

例 4-18：

如果例 4-17 中的盤虧不是自然灾害造成的，經查明並審批後的處理意見是由保管員賠償 10%，其餘計入本期損益。要求：編製相應會計分錄。

(1) 批准前：

借：待處理財產損溢——待處理流動資產損溢	1,170
貸：庫存商品	1,000
應交稅費——應交增值稅——進項稅額轉出	170

(2) 批准后：

借：其他應收款	117
管理費用	1,053
貸：待處理財產損溢——待處理流動資產損溢	1,170

例 4-19：

甲企業在財產清查中盤盈庫存商品 300 元，經批准，期末衝減管理費用。要求：請編製相應會計分錄。

(1) 批准前：

借：庫存商品	300
貸：待處理財產損溢——待處理流動資產損溢	300

（2）批准后：
借：待處理財產損溢——待處理流動資產損溢　　　　　　　300
　　貸：管理費用　　　　　　　　　　　　　　　　　　　　　　300

二、存貨期末計價原則

在資產負債表日，存貨應當按照成本與可變現淨值孰低法計量。

當存貨成本低於可變現值時，存貨按成本計量；當存貨成本高於可變現淨值時，存貨按可變現淨值計量，同時按照成本高於可變現淨值的差額計提存貨跌價準備，計入當期損益。

這裡講的「成本」是指存貨的歷史成本，即按前面所介紹的以歷史成本為基礎的發出存貨計價方法（如先進先出法等）計算的期末存貨的實際成本，如果企業在存貨成本的日常核算中採用簡化核算方法（如計劃成本法或售價金額核算法等），則「成本」為經調整後的實際成本。「可變現淨值」是指在正常生產經營過程中，以存貨的估計售價減去至完工時估計將要發生的成本、估計的銷售費用以及相關稅費后的餘額。對於企業的各類存貨，在確定其可變現淨值時，應當以當期取得的最可靠的證據為基礎預計，同時應考慮持有存貨的目的。

在資產負債表日，當存在下列情況之一時，應當計提存貨跌價準備：

第一，市價持續下跌，並且在可預見的未來無回升的希望。

第二，企業使用該項原材料生產的產品的成本大於產品的銷售價格。

第三，企業因產品更新換代，原有庫存原材料已經不適應新產品的需要，而該原材料的市場價格又低於其帳面價值。

第四，因企業所提供的商品或勞務過時或消費者偏好改變而使市場的需求發生變化，導致市場價格逐漸下跌。

第五，其他足以證明該項存貨實質上已經發生減值的情形。

三、存貨可變現淨值確定

（一）為執行銷售合同或者勞務合同而持有的存貨，通常以產成品或商品的合同價格作為其可變現淨值的確定基礎

例 4-20：

A 公司與 B 公司簽訂了一份銷售合同，B 公司向 A 公司購進某種設備 20 臺，每臺設備的合同價格為 5 萬元，A 公司該種設備的帳面價值為 4.5 萬元。預計每臺設備的銷售費用為 0.1 萬元。請問每臺設備的可變現淨值為多少？

在此種情況下，每臺設備的可變現淨值為 5-0.1=4.9 萬元。

（二）當企業持有存貨的數量多於銷售合同訂購數量，超出部分的存貨可變現淨值應當以產成品或商品的銷售價格為基礎計量

例 4-21：

A 公司與 B 公司簽訂了一份銷售合同，B 公司向 A 公司購進某種設備 20 臺，每臺

設備的合同價格為 5 萬元，A 公司該種設備的帳面價值為 4.5 萬元。A 公司倉庫中有此種設備 30 臺。此種設備市場銷售價格為 4.8 萬元。預計每臺設備的銷售費用為 0.1 萬元。請問每臺設備的可變現淨值為多少？

在此種情況下，由於 20 臺設備訂有銷售合同，因此 20 臺設備的每臺設備的可變淨值為 5-0.1=4.9 萬元；另外 10 臺設備沒有銷售合同，因此每臺設備的可變現淨值為 4.8-0.1=4.7 萬元。

(三) 沒有銷售合同或勞務合同約定的存貨，其可變可現淨值應當以產成品或商品一般銷售價格或原材料的市場價格作為計量基礎

例 4-22：

A 公司擁有某種庫存商品，單位成本為每千克 10,000 元，市場售價為 9,800 元，每千克銷售費用及非增值稅的稅金為 300 元。請問每千克商品的可變現淨值為多少？

在此情況下，可變現淨值為 9,800-300=9,500 元。

(四) 對於材料存貨應當區分兩種情況來確定其期末價值

(1) 為生產而擁有的材料，如果用其生產的產成品的可變現淨值預計高於成本，則該材料仍然按成本計量。

例 4-23：

A 公司有一批原材料，其成本為 10 萬元，市場價值為 9.5 萬元，用該批原材料生產的產品成本為 15 萬元，其市場價格為 20 萬元，預計每件產品的銷售費用為 0.5 萬元。請問每批原材料的可變現淨值為多少？

在此情況下，由於產成品的可變現淨值為 20-0.5=19.5 萬元，高於其生產成本 15 萬元，雖然材料市場價值低於其成本，但材料的計價基礎仍然為 10 萬元。

(2) 如果原材料價格的下降等原因表明產成品的可變現淨值低於成本，則該材料應當按可變現淨值計量。

例 4-24：

A 公司有一批原材料，其成本為 10 萬元，市場價值為 9.5 萬元，用該批原材料生產的產品成本為 15 萬元，其市場價格為 14 萬元，預計每件產品的銷售費用為 0.5 萬元。請問該批原材料的可變現淨值為多少？

每件產成品的可變現淨值為 14-0.5=13.5 萬元，低於其生產成本 15 萬元。此時，材料的市場價值低於其購進成本，由於產成品的可變現淨值低於其生產成本，所以材料的計價基礎為其可變現淨值。

四、計提存貨跌價準備的核算

(一) 計提存貨跌價準備的方法

如果期末存貨的成本低於可變現淨值時，不必進行會計處理，資產負債表中的存貨仍按期末帳面的價值列示；如果期末可變現淨值低於成本時，則必須確認當期的期末存貨跌價損失，計提存貨跌價準備。具體計提方法如下：

1. 按照單個存貨項目計提存貨跌價準備

企業將每個存貨項目的成本與其可變現淨值逐一進行比較，按較低者計量存貨，並且按成本高於可變現淨值的差額，計提存貨跌價準備。

2. 按照存貨類別計提存貨跌價準備

對於數量繁多、單位價值較低的存貨，按照存貨類別的成本總額與可變現淨值的總額進行比較，每個存貨類別均取較低者確定存貨期末價值。

(二) 存貨跌價準備的會計處理

為核算企業的存貨跌價準備，企業應設置「存貨跌價準備」科目。該科目借方登記衝減恢復的減值準備、發出存貨應轉出的減值準備，貸方登記計提的減值準備。餘額在貸方，反應企業已計提但尚未轉銷的存貨跌價準備。

在資產負債表日，首先比較成本與可變現淨值，算出應計提的跌價準備，然後與「存貨跌價準備」科目的餘額進行比較，如果應提數大於已提數，應予以補提；反之，應衝銷部分已提數。但如果已計提跌價準備的存貨，其價值以後得以恢復，其轉回已計提的存貨跌價準備應以原計提的金額為限。

會計業務處理模板如下：

（1）當初次提取或補提存貨跌價準備時：

借：資產減值損失
　貸：存貨跌價準備

（2）衝回或轉銷存貨跌價準備時：

借：存貨跌價準備
　貸：資產減值損失

例 4-25：

假設某企業 2014 年年末存貨的帳面成本為 110,000 元，預計可變現淨值為 105,000 元。2015 年年末該存貨成本不變，預計可變現淨值為 95,000 元。2016 年該存貨成本不變，可變現淨值有所恢復，預計可變現淨值 103,000 元。要求：進行相應帳務處理。

（1）2014 年年末因存貨的預計可變現淨值低於其成本，因此按其差額計提存貨跌價準備 5,000（110,000-105,000）元，編製如下會計分錄：

借：資產減值損失　　　　　　　　　　　　　　　　　5,000
　貸：存貨跌價準備　　　　　　　　　　　　　　　　　5,000

（2）2015 年年末該存貨的預計可變現淨值為 95,000 元，應補提存貨跌價準備 10,000（110,000-95,000-5,000）元，編製如下會計分錄：

借：資產減值損失　　　　　　　　　　　　　　　　　10,000
　貸：存貨跌價準備　　　　　　　　　　　　　　　　　10,000

（3）2016 年年末該存貨的可變現淨值有所恢復，預計可變現淨值為 103,000 元，則應衝減存貨跌價準備 8,000（110,000-103,000-15,000）元，編製如下會計分錄：

借：存貨跌價準備　　　　　　　　　　　　　　　　　8,000

  貸：資產減值損失   8,000

  但是2016年如果該存貨預計可變現淨值不是恢復到103,000元，而是恢復到135,000元，則應衝減計提的存貨跌價準備為15,000元，以「存貨跌價準備」科目餘額衝減至零為限，編製如下會計分錄：

  借：存貨跌價準備   15,000
    貸：資產減值損失   15,000

五、週轉材料發出的會計核算

  週轉材料發出的會計核算主要包括包裝物的會計核算和低值易耗品的會計核算。週轉轉料的價值攤銷方法有一次攤銷法和五五攤銷法兩種。

  一次攤銷法是在領用包裝物時，將其價值一次性計入相關的成本、費用的方法。這種方法適用於價值較小的包裝物。

  五五攤銷法是在包裝物時，將其價值的50%計入相關的成本、費用，當該領用的包裝物報廢時再攤銷其剩餘價值的50%。這種方法適用於價值較大的包裝物。

  在採用五五攤銷法時，一般情況下，要分設「週轉材料——包裝物——庫存包裝物」「週轉材料——包裝物——在用包裝物」「週轉材料——包裝物——包裝物攤銷」三個會計科目，以滿足會計核算的需要。

（一）包裝物的會計核算

  包裝物是為了包裝本企業的商品而儲備的各種容器，主要包括罐、箱、桶、瓶、壇、袋等。

  1. 出租或出借包裝物的會計核算

  對於出租包裝物所收取的租金記入「其他業務收入」帳戶，同時對於出租包裝物所應承擔的包裝物價值攤銷金額記入「其他業務成本」帳戶。

  對於出借包裝物是不會向對方收取任何費用的，是一種無償服務，對於出借包裝物價值的攤銷金額應當記入「銷售費用」帳戶。

  對於出租或出借的包裝物會收取一定金額的押金，先記入「其他應付款」帳戶，逾期未能歸還的包裝物，按規定沒收對方所交付的押金，記入「其他業務收入」帳戶。需要強調的是，要將沒收的押金額換算為不含增值稅的金額才能記入「其他業務收入」帳戶中。

  例4-26：

  某公司於10月5日將某包裝物出租給甲公司，該包裝物入帳金額為400元，收取押金100元（現金），合同中約定，該包裝物租期為6個月，分兩次支付租金，共收取租金800元，第一次的租金400元（現金）已收到。次年3月份收到另外一次租金400元（現金）。採用五五攤銷法。收取的押金以現金方式已經退回。要求：進行相應帳務處理。

  收取租金：

  借：庫存現金   100

貸：其他應付款——甲公司		100
取得第一次租金收入：		
借：庫存現金	400	
貸：其他業務收入		400
包裝物出庫：		
借：週轉材料——包裝物——在用包裝物	400	
貸：週轉材料——包裝物——庫存包裝物		400
第一次分攤包裝物成本：		
借：其他業務成本	200	
貸：週轉材料——包裝物——包裝物攤銷		200
取得第二次租金入：		
借：庫存現金	400	
貸：其他業務收入		400
第二次分攤包裝物成本：		
借：其他業務成本	200	
貸：週轉材料——包裝物——包裝物攤銷		200
將已經攤銷的金額予以衝銷：		
借：週轉材料——包裝物——包裝物攤銷	400	
貸：週轉材料——包裝物——在用包裝物		400
退回押金		
借：其他應付款——甲公司	100	
貸：庫存現金		100

例 4-27：

某公司於10月5日將某包裝物出借給甲公司，該包裝物入帳金額為400元，收取押金100元（現金）。合同中約定，該包裝物出借期為6個月。採用五五攤銷法。到期甲公司沒有如期將包裝物退回，將已經收取的100元押金予以沒收，增值稅稅率為17%。要求：進行相應帳務處理。

收到押金：		
借：庫存現金	100	
貸：其他應付款——甲公司		100
包裝物出庫：		
借：週轉材料——包裝物——在用包裝物	400	
貸：週轉材料——包裝物——庫存包裝物		400
第一次分攤包裝物成本：		
借：銷售費用	200	
貸：週轉材料——包裝物——包裝物攤銷		200
第二次分攤包裝物成本：		
借：銷售費用	200	

  貸：週轉材料——包裝物——包裝物攤銷　　　　　　　　　　　200
 沒收押金：
  借：其他應付款——甲公司　　　　　　　　　　　　　　　　100
   貸：其他業務收入　　　　　　　　　　　　　　　　　　　85.47
    應交稅費——應交增值稅——銷項稅額　　　　　　　　14.53

2. 生產領用的包裝物的會計核算

  企業由於生產的需要而領用的包裝物，構成產品的實體的，應將包裝物的實際成本記入產品的「生產成本」帳戶中。會計業務處理模板如下：

 借：生產成本
  貸：週轉材料——包裝物

例 4-28：

  某公司於10月6日由於生產需要，將一批已經購入的包裝物領用，用於包裝本企業生產的成品，該批包裝物的入帳成本為1,200元。要求：編製相應會計分錄。

 借：生產成本　　　　　　　　　　　　　　　　　　　　　　　　1,200
  貸：週轉材料——包裝物　　　　　　　　　　　　　　　　　1,200

3. 隨同產品出售而不單獨計價的包裝物的會計核算

  隨同產品出售而不單獨計價的包裝物，在包裝物被領用後，按照其入帳成本記入「銷售費用」帳戶中。會計業務處理模板如下：

 借：銷售費用
  貸：週轉材料——包裝物

例 4-29：

  某公司於10月6日由於銷售產品的需要，將一批已經購入的包裝物領用，用於包裝本公司銷售的某產品，不會向顧客收取任何包裝費用，該批包裝物的入帳成本為1,000元。要求：編製相應會計分錄。

 借：銷售費用　　　　　　　　　　　　　　　　　　　　　　　　1,000
  貸：週轉材料——包裝物　　　　　　　　　　　　　　　　　1,000

4. 隨同產品出售而單獨計價的包裝物的會計核算

  隨同產品出售而單獨計價的包裝物，對於取得的收入要記入「其他業務收入」帳戶中，對於包裝物的成本要記入「其他業務成本」帳戶中。會計業務處理模板如下：

 取得收入時：
  借：庫存現金
   銀行存款
   應收帳款
   應收票據
   貸：其他業務收入
    應交稅費——應交增值稅——銷項稅額

 將包裝物成本記入「其他業務成本」帳戶中：
  借：其他業務成本

貸：週轉材料——包裝物

例4-30：

　　某公司於10月6日由於銷售產品的需要，將一批已經購入的包裝物領用，用於包裝本公司銷售的某產品，但會向顧客收取該包裝物費用，以現金方式收取1,404元（含稅）該包裝物費用，增值稅稅率為17%。該批包裝物的入帳成本為1,000元。要求：編製相應會計分錄。

取得收入時：

借：庫存現金　　　　　　　　　　　　　　　　　　　　　1,404
　　貸：其他業務收入　　　　　　　　　　　　　　　　　　1,200
　　　　應交稅費——應交增值稅——銷項稅額　　　　　　　　204
將包裝物成本記入「其他業務成本」帳戶中
借：其他業務成本　　　　　　　　　　　　　　　　　　　1,000
　　貸：週轉材料——包裝物　　　　　　　　　　　　　　　1,000

(二) 低值易耗品的會計核算

　　低值易耗品是指勞動資料中單位價值較小，或者使用年限在一年以內，不能作為固定資產進行核算的勞動資料。低值易耗品主要是指各種工具器具（如扳手、電筆等）、玻璃器皿、辦公用品等。

　　低值易耗品跟固定資產有相似的地方，在生產過程中可以多次使用不改變其實物形態，在使用時也需維修，報廢時可能也有殘值。

　　由於低值易耗品價值低、使用期限短，因此採用簡便的方法，根據「誰領用、誰受益」的原則，銷售部門領用的低值易耗品記入「銷售費用」帳戶中；公司管理部門領用的低值易耗品記入「管理費用」帳戶中；生產車間領用的低值易耗品記入「製造費用」帳戶中。

　　對於領用的低值易耗品，若金額較小，可以採一次攤銷法；若金額較大，可以採用五五攤銷法，即在領用時攤銷其價值的50%，在低值易耗品報廢時再攤銷其價值的50%。在此情況下，應當分別設置「週轉材料——低值易耗品——庫存低值易耗品」「週轉材料——低值易耗品——在用低值易耗品」「週轉材料——低值易耗品——低值易耗品攤銷」三個會計科目。

　　一次攤銷法的會計業務處理模板如下：

借：管理費用
　　銷售費用
　　製造費用
　　貸：週轉材料——低值易耗品

例4-31：

　　某公司於11月6日購進一批辦公品，同時分發給公司有關部門，經統計，公司管理部門應承擔320元，生產車間應承擔160元，銷售部門應承擔80元。要求：編製相應會計分錄。

借：管理費用　　　　　　　　　　　　　　　　　　　　　320
　　銷售費用　　　　　　　　　　　　　　　　　　　　　 80
　　製造費用　　　　　　　　　　　　　　　　　　　　　160
　貸：週轉材料——低值易耗品　　　　　　　　　　　　　　　560

五五攤銷法的會計業務處理模板如下：

領用出庫時：
借：週轉材料——低值易耗品——在用低值易耗品
　貸：週轉材料——低值易耗品——庫存低值易耗品

攤銷時：
借：管理費用
　　銷售費用
　　製造費用
　貸：週轉材料——低值易耗品——低值易耗品攤銷

將已經攤銷的金額予以衝銷：
借：週轉材料——低值易耗品——低值易耗品攤銷
　貸：週轉材料——低值易耗品——在用低值易耗品

例 4-32：

某公司於 12 月 5 日將一批低值易耗品領用，金額共計 24,000 元，經統計，公司管理部門領用了 4,000 元，生產車間領用了 20,000 元。採用五五攤銷法。要求：編製相應會計分錄。

領用出庫時：
借：週轉材料——低值易耗品——在用低值易耗品　　　　24,000
　貸：週轉材料——低值易耗品——庫存低值易耗品　　　　　　24,000

第一次攤銷時：
借：管理費用　　　　　　　　　　　　　　　　　　　2,000
　　製造費用　　　　　　　　　　　　　　　　　　　10,000
　貸：週轉材料——低值易耗品——低值易耗品攤銷　　　　　　12,000

第二次攤銷時：
借：管理費用　　　　　　　　　　　　　　　　　　　2,000
　　製造費用　　　　　　　　　　　　　　　　　　　10,000
　貸：週轉材料——低值易耗品——低值易耗品攤銷　　　　　　12,000

將已經攤銷的金額予以衝銷：
借：週轉材料——低值易耗品——低值易耗品攤銷　　　　24,000
　貸：週轉材料——低值易耗品——在用低值易耗品　　　　　　24,000

第五章　長期股權投資

【本章學習重點】

(1) 長期股權投資的初始計量；
(2) 長期股權投資的后續計量；
(3) 長期股權投資核算方法的轉換；
(4) 長期股權投資的處置。

第一節　長期股權投資概述

一、長期股權投資的概念及特點

長期股權投資是指企業的管理當局準備長期持有的股權投資（即權益性投資）。股權投資是指為獲取另一企業的所有權而進行的投資，主要是通過購買股票或簽訂投資合同的形式來完成。

進行股權投資的投資方最終按投資額占被投方資本總額的比例享有經營管理權、收益權和虧損分擔責任。因此，長期股權投資具有投資時限長、投資風險大、投資目的複雜的特點。

二、長期股權投資的取得方式

長期股權投資的取得方式多種多樣，具體有如下幾種：

(一) 通過企業合併取得長期股權投資

在企業合併中，合併方以支付現金、轉讓非現金資產、承擔債務或發行權益性證券等方式取得被合併方的控股權形成長期股權投資。

企業合併是指將兩個或兩個以上單獨的企業合併形成一個報告主體的交易或事項。

1. 以合併方式為基礎的企業合併分類

從本質上看，企業合併是一個企業取得對另外一個企業的控制權，吸收另外一個或多個企業的淨資產以及將參與合併的企業相關資產、負債進行整合後成立新的企業等情況。因此，以合併方式為基礎，企業合併分為控股合併、吸收合併及新設合併。

(1) 控股合併是指合併方通過企業合併交易或事項取得對被合併方的控制權，能夠主導被合併企業的生產經營政策，從而將被合併方納入其合併財務報表範圍形成一

個報告主體的情況。在控股合併中，被合併方在企業合併後仍保持其獨立的法人資格，合併方在合併中取得的是對被合併方的股權，合併方在其帳簿中及個別財務報表中應確認對被合併方的長期股權投資，合併中取得的被合併方的資產和負債僅在合併財務報表中確認。

（2）吸收合併是指合併方在企業合併中取得被合併方的全部淨資產，並將有關資產、負債並入合併方自身的帳簿和報表進行核算。合併後，註銷被合併方的法人資格，由合併方持有合併方中取得的被合併方的資產、負債在新的基礎上繼續經營。

（3）新設合併是指企業合併中註冊成立一家新的企業，由其持有原參與合併各方的資產、負債在新的基礎上經營，原參與合併各方均註銷其法人資格。

2. 以是否在同一控制下進行合併為基礎的企業合併分類

以是否在同一控制下進行合併為基礎，企業合併可以分為同一控制下的企業合併和非同一控制下的企業合併。

（1）同一控制下合併。參與合併的企業在合併前後均受同一方或相同的多方最終控制且該控制並非暫時性的，為同一控制下的企業合併。同一控制下的企業合併在合併日取得對其他參與合併企業控制權的一方為合併方，參與合併的其他企業為被合併方。合併日是指合併方實際取得對被合併方控制權的日期。

同一控制下的企業合併包括但不僅限於以下幾種情況：一是母公司將持有的對子公司的股權用於交換非全資子公司增加發生的股份；二是母公司將其持有的對某一子公司的控股權出售給另一子公司。

（2）非同一控制下合併。參與合併的各方在合併前後不受同一方或相同的多方最終控制，為非同一控制下合併。非同一控制下的企業合併在其購買日取得其他參與合併企業控制權的一方為購買方，參與合併的其他企業為被購買方。購買日是指購買方實際取得被購買方控制權的日期。

（二）以支付現金方式取得長期股權投資

這是指以支付貨幣獲得被投資方的股票或股權形成的長期股權投資。

（三）以發行權益性證券取得長期股權投資

這是指以本公司的股票或股權換取投資者自己的股票或股權形成的長期股權投資。

（四）投資者投入長期股權投資

這是指投資者將其持有的對第三方的股權投資作為出資投入另一企業形成的長期股權投資。

（五）通過非貨幣性資產交換取得長期股權投資

這是指以非貨幣性資產換取其他公司的股票或股權形成的長期股權投資。

（六）通過債務重組取得長期股權投資

這是指在債務重組中，將債務轉為股權或以股權投資償債形成的長期股權投資。

三、長期股權投資的內容

長期股權投資包括以下幾方面：

第一，投資企業能夠對被投資單位實施控制的權益性投資，即對子公司的投資。

第二，投資企業與其他合營方一同對被投資單位實施共同控制且對被投資方享有權利的權益性投資，即對合營企業的投資。

第三，投資企業對被投資單位具有重大影響的權益性投資，即對聯營企業的投資。

（一）控制

控制是指有權決定一個企業的財務和經營政策，並能據以從該企業的經營活動中獲取利益。控制一般存在於以下情況：

（1）投資企業直接擁有被投資單位50%以上的表決權資本的。

（2）投資企業雖然直接擁有被投資單位50%或以下的表決權，但具有實質控制權的。

投資企業對被投資單位是否具有實質控制權，可以通過以下一種或幾種情形來判定：

（1）通過與其他投資者的協議，投資企業擁有被投資單位50%以上表決權資本的控制權。例如，A公司擁有B公司40%的表決權資本，C公司擁有B公司30%的表決權資本，D公司擁有B公司30%的表決權資本。A公司與C公司達成協議，C公司在B公司的權益由A公司代表。在這種情況下，A公司實質上擁有B公司70%表決權資本的控制權，則表明A公司實質上控制B公司。

（2）根據章程或協議，投資企業有權控制被投資單位的財務和經營政策。例如，A公司擁有B公司45%的表決權資本，同時根據協議，B公司的生產經營決策由A公司控制，則表明A公司實質上控制B公司。

（3）有權任免被投資單位董事會或類似權力機構的多數成員。這種情況是指雖然投資企業擁有被投資單位50%或以下表決權資本，根據章程、協議等有權任免董事會的董事，以達到實質上控制的目的。

（4）在被投資單位的董事會或類似權力機構會議上擁有半數以上投票權。這種情況是指雖然投資企業擁有被投資單位50%或以下表決權資本，但能夠控制被投資單位董事會或類似權力機構的會議，從而能夠控制其財務和經營決策，使其達到實質上的控制。

投資企業能夠對被投資單位實施控制的，被投資單位為其子公司，投資企業應當將子公司納入合併財務報表的合併範圍。投資企業對子公司的長期股權投資，應當採用成本法進行會計核算。

（二）共同控制

共同控制是指按照合同約定對某項經濟活動所共有的控制，僅在與該項經濟活動相關的重要財務和經營決策需要分享控制權的投資方一致同意時存在，任何一方都不能獨自控制。投資企業與其他方對被投資企業實施共同控制的，被投資單位為其合營

企業。

（三）重大影響

重大影響是指一個企業的財務和經營政策有參與決策的權利，但並不能夠控制或者與其他方一起共同控制這些政策的制定。投資企業能夠對被投資單位施加重大影響的，被投資單位為其聯營企業。當投資企業直接擁有被投資單位20%～50%的表決權資本時，一般認為對被投資單位具有重大影響，除非有明確的證據表明該種情況下不能參與被投資單位的生產經營決策，不形成重大影響。

投資企業擁有被投資單位表決權資本的比例低於20%的，一般認為對被投資單位不具有重大影響，但符合下列情況之一的，也應該認為對被投資單位具有重大影響：

（1）在被投資單位的董事會或類似的權力機構中派有代表。在這種情況下，由於在被投資單位的董事會或類似的權力機構中派有代表，並享有相應的實質性的決策權，投資企業可以通過代表參與被投資單位政策的制定，從而對被投資單位施加重大影響。

（2）參與被投資單位的政策制定過程。在這種情況下，由於可以參與被投資單位的政策制定過程，投資企業在制定政策過程中可以為其自身利益而提出建議或意見，從而可以對被投資單位施加重大影響。

（3）向被投資單位派出管理人員。在這種情況下，由於投資企業向被投資單位派出管理人員，管理人員有權力並負責被投資單位的財務和經營活動，從而能對被投資單位施加重大影響。

（4）向被投資企業提供關鍵技術或技術資料。在這種情況下，由於被投資單位的生產經營需要依賴投資企業的技術或技術資料，從而表明投資企業對被投資單位具有重大影響。

（5）其他能足以證明投資企業對被投資單位具有重大影響的情形。

例 5-1：

A公司直接擁有B公司42%的股權，同時受託行使其他股東所持有B公司15%的表決權。B公司董事會由11名董事組成，其中A公司派出6名。B公司章程規定，其財務和經營決策經董事會三分之二以上成員通過即可實施。請問：A公司能否對B公司實施控制？

解析：因為A公司在B公司董事會成員的比例沒有達到三分之二，所以A公司不能對B公司實施控制。

第二節　長期股權投資的初始計量

一、企業合併以外其他方式取得的長期股權投資

以支付現金取得的長期股權投資，應當按照實際支付的購買價作為初始投資成本，包括購買過程中支付的手續費等必要支出，但所支付價款中包含的被投資單位已宣告但尚未發放的現金股利或利潤應記入「應收股利」帳戶中，不構成取得長期股權投資

的成本。

會計業務處理模板如下：

借：長期股權投資

　　應收股利

　貸：銀行存款

例 5-2：

A 公司於 2016 年 12 月 2 日購買了 B 公司 30% 的股份，實際支付價款 850 萬元，另外向有關證券機構支付了手續費 100 萬元，款項已經全部支付。請編製相應會計分錄。

　借：長期股權投資　　　　　　　　　　　　　　　　9,500,000

　　貸：銀行存款　　　　　　　　　　　　　　　　　　　9,500,000

以發行權益性證券方式取得的長期股權投資，其成本為所發行權益性證券的公允價值，但不包括應由被投資單位收取的已宣告但尚未發放的現金股利或利潤。

為發行權益性證券支付給有關證券機構的手續費、佣金等與權益性證券發行直接相關的費用，不計入長期股權投資的成本中。該部分費用應當從溢價發行收入中扣除，若溢價發行收入不足以衝減的，應衝減盈餘公積和未分配利潤。

會計業務處理模板如下：

借：長期股權投資

　　盈餘公積

　　利潤分配——未分配利潤

　貸：股本

　　　資本公積

例 5-3：

2016 年 12 月 10 日，A 公司發行 5,000 萬股普通股取得 B 公司 20% 的股份，每股股票的面值為 1 元，每股發行價為 3 元，按發行收入的 1% 向證券機構支付手續費。請編製相應會計分錄。

　借：長期股權投資　　　　　　　　　　　　　　　　14,850

　　貸：股本　　　　　　　　　　　　　　　　　　　　5,000

　　　　資本公積　　　　　　　　　　　　　　　　　　9,850

投資者投入的長期股權投資，應當按照合同或協議約定的價值作為初始投資成本，但合同或協議約定的價值不公允的除外。

例 5-4：

2014 年 12 月 1 日，A 公司接受 B 公司投資，B 公司將持有的對 C 公司的長期股權投資投入 A 公司。B 公司持有的對 C 公司的長期股權投資的帳面餘額為 600 萬元，未計提減值準備，投資當日的評估作價為 850 萬元（公允價值），增資后 A 公司的註冊資本和實收資本均為 3,000 萬元，B 公司的持股比例為 25%。請編製相應的會計分錄。

　借：長期股權投資　　　　　　　　　　　　　　　　8,500,000

　　貸：實收資本　　　　　　　　　　　　　　　　　　7,500,000

　　　　資本公積　　　　　　　　　　　　　　　　　　1,000,000

二、企業合併形成的長期股權投資

(一) 同一控制下企業合併形成的長期股權投資

合併方以支付現金、轉讓非現金資產或承擔債務方式作為合併對價的，應當在合併日按照取得被合併方所有者權益帳面價值的份額作為長期股權投資的初始投資成本。長期股權投資的初始投資成本與支付的現金、轉讓非現金資產或承擔債務帳面價值之間的差額，應當調整資本公積；資本公積不足以衝減的，調整盈餘公積；盈餘公積不足以衝減的，衝減未分配利潤。企業合併中發生的審計服務、法律服務、評估諮詢等仲介費用以及其他相關管理費用，計入當期損益（記入「管理費用」科目）。

合併方以發行權益性證券作為合併對價的，應按發行股份的面值總額作為股本，長期股權投資初始投資成本與所發行股份面值總額之間差額，應當調整資本公積；資本公積不足以衝減的，調整盈餘公積；盈餘公積不足以衝減的，衝減未分配利潤。

會計業務處理模板如下：
借：長期股權投資
　　資本公積
　　盈餘公積
　　利潤分配──未分配利潤
　　相關資產類科目
　　相關負債類科目
　貸：股本
　　　銀行存款
　　　資本公積
　　　主營業務收入
　　　其他業務收入
　　　應交稅費──應交增值稅──銷項稅額
借：管理費用（審計服務、法律服務、評估諮詢等仲介費用以及其他相關管理費用）
　　資本公積（權益性證券發行費用）
　貸：銀行存款

例 5-5：

2016 年 12 月 2 日，A 公司銀行存款 1,200 萬元購買同一集團內 B 公司 100%的股份，合併後 B 公司仍然獨立存在開展生產經營活動，合併日 B 公司的所有者權益總額為 1,000 萬元。合併日 A 公司的資本公積為 120 萬元，盈餘公積為 300 萬元。請編製相應會計分錄。

借：長期股權投資　　　　　　　　　　　　　　　10,000,000
　　資本公積　　　　　　　　　　　　　　　　　　1,200,000
　　盈餘公積　　　　　　　　　　　　　　　　　　　800,000
　貸：銀行存款　　　　　　　　　　　　　　　　12,000,000

(二) 非同一控制下企業合併形成的長期股權投資

購買方應當按照確定的企業合併成本作為長期股權投資的初始投資成本。合併成本包括購買方付出的資產、發生或承擔的負債、發行的權益性證券的公允價值。企業合併中發生的審計服務、法律服務、評估諮詢等仲介費用以及其他相關管理費用，計入當期損益（記入「管理費用」科目）。為企業合併發行債券或承擔其他債務支付的手續費、佣金計入負債初始確認金額。為企業合併發行權益性證券發生的手續費、佣金等費用衝減資本公積；資本公積不足衝減的，衝減盈餘公積；盈餘公積不足衝減的，衝減未分配利潤。

非同一控制下的企業合併，投出資產為非貨幣性資產時，投出資產的公允價值與帳面價值之間的差額應分不同情況進行會計處理。

會計業務處理模板如下：

投出資產是固定資產或無形資產，其差額記入「營業外收入」或「營業外支出」帳戶。

借：長期股權投資
　　累計折舊（或累計攤銷）
　　營業外支出
　貸：固定資產
　　　無形資產
　　　營業外收入

投出資產是存貨，按其公允價值確認主營業務收入或其他業務收入，按其成本結轉主營業務成本或其他業務成本。

借：長期股權投資
　貸：主營業務收入
　　　其他業務收入
借：主營業務成本
　　其他業務成本
　貸：相關存貨科目

投出資產為可供出售金融資產等金融資產的，其差額記入「投資收益」帳戶。可供出售金融資產持有期間公允價值變動形成的其他綜合收益也應一併結轉投資收益；交易性金融資產持有期間公允價值變動形成的公允價值變動損益也應一併結轉投資收益。

借：長期股權投資
　貸：相關金融資產科目
　　　投資收益
借：投資收益
　貸：其他綜合收益
　　　公允價值變動損益

例 5-6：

A 公司於 2016 年 12 月 31 日取得 B 公司 70% 的股權。合併中，A 公司擬支付相關資產在購買日的帳面價值與公允價值如表 5-1 所示。合併當天，B 公司淨資產的帳面價值為 3,900 萬元。合併中，A 公司為核實 B 公司的資產價值，聘請有關機構對該項合併進行諮詢，支付諮詢費用 80 萬元。本例中假定合併前 A 公司與 B 公司不存在關聯方關係，屬於非同一控制下的企業合併（增值稅稅率 17%）。合併雙方在合併前採用的會計政策相同。至合併時無形資產已經攤銷了 600 萬元。

表 5-1　　A 公司在購買日資產的帳面價值和公允價值表　　單位：元

項目	帳面價值	公允價值
土地使用權	10,000,000	16,000,000
專利技術	4,000,000	5,000,000
銀行存款	4,000,000	4,000,000
庫存商品	4,000,000	5,000,000
合計	22,000,000	30,000,000

請編製相應會計分錄。

借：長期股權投資　　　　　　　　　　　　　　　31,650,000
　　累計攤銷　　　　　　　　　　　　　　　　　　6,000,000
　貸：無形資產　　　　　　　　　　　　　　　　21,000,000
　　　銀行存款　　　　　　　　　　　　　　　　　4,800,000
　　　主營業務收入　　　　　　　　　　　　　　　5,000,000
　　　應交稅費——應交增值稅——銷項稅額　　　　　850,000
　　　營業外收入　　　　　　　　　　　　　　　　6,000,000
借：主營業務成本　　　　　　　　　　　　　　　　4,000,000
　貸：庫存商品　　　　　　　　　　　　　　　　　4,000,000

例 5-7：

2016 年 12 月 1 日，A 公司以一項可供出售金融資產向 B 公司投資（A、B 兩公司不屬於同一控制下的公司），占 B 公司註冊資本的 70%，投資當日該可供出售金融資產的帳面價值為 2,800 萬元（其中成本 3,000 萬元，公允價值變動為 -200 萬元），公允價值是 2,900 萬元。不考慮相關稅費。請編製相應會計分錄。

借：長期股權投資　　　　　　　　　　　　　　　29,000,000
　　可供出售金融資產——公允價值變動　　　　　　2,000,000
　貸：可供出售金融資產——成本　　　　　　　　30,000,000
　　　投資收益　　　　　　　　　　　　　　　　　1,000,000
借：投資收益　　　　　　　　　　　　　　　　　　2,000,000
　貸：其他綜合收益　　　　　　　　　　　　　　　2,000,000

第三節　長期股權投資的后續計量

無論是同一控制下的企業合併還是非同一控制下的企業合併形成的長期股權投資，實際支付的價款或對價中包含的已宣告但尚未發放的現金股利或利潤，應作為應收項目處理。

長期股權投資的核算方法有成本法和權益法兩種。不同的核算方法直接影響著長期股權投資的后續計量和各期投資收益的確認。投資企業與被投資企業關係是確定長期股權投資核算方法的重要依據。具體內容如下：

第一，投資企業能夠對被投資單位實施控制的長期股權投資，採用成本法核算。

第二，投資企業對被投資單位具有共同控制或重大影響的長期股權投資，採用權益法核算。

一、長期股權投資的成本法核算

（一）成本法的含義及範圍

成本法是指投資按成本計價的方法。按照長期股權投資準則核算的權益性投資中，應採用成本法核算的是投資企業能夠對被投資單位實施控制的長期股權投資，即企業持有的對子公司的投資。

（二）帳戶設置

成本法下的長期股權投資的核算通常包括投資取得、持有期內的損益確認、持有期內的期末計價、投資處置等內容。企業應設置「長期股權投資」「應收股利」「長期股權投資減值準備」等科目進行核算，「長期股權投資」和「長期股權投資減值準備」科目還應按被投資單位具體名稱進行明細核算。

（三）具體帳務處理

1. 取得時的核算

成本法是指投資按成本計價的方法。因此，在成本法下，長期股權投資取得時的帳務處理如前述的長期股權投資初始計量，在此不再重複。

2. 持有期間投資收益的確認

對於採用成本法核算的長期股權投資，除取得投資時實際支付的價款中包含已宣告但尚未發放的現金股利或利潤外，投資企業應當按照享有被投資單位宣告發放的現金股利或利潤確認為投資收益。不再劃分是否屬於投資前和投資后被投資單位實現的淨利潤。在成本法下，投資企業不確認投資損失。此外，投資企業收到股票股利時，不進行帳務處理，但應在備查簿中登記。

會計業務處理模板如下：

（1）當被投資企業宣告發放現金股利或利潤時：

借：應收股利

　　貸：投資收益

（2）實際收到時：

借：銀行存款

　　貸：應收股利

被投資單位宣告分派的現金股利或利潤中，投資企業按應享有的部分，確認為當期投資收益，若所獲得的被投資單位宣告分派的利潤或現金股利超過了在接受投資後產生的累積淨利潤的部分，應衝減長期股權投資的帳面價值。

一般情況下，投資企業在取得投資當年自被投資單位分得的現金股利或利潤作為投資成本的收回。

應衝減的投資成本的金額＝（投資后至本年年末或本期末為止被投資單位分派的現金股利或利潤－投資后至上年年末為止被投資單位累積實現的淨損益）×投資企業持股比例－投資企業已衝減的初始投資成本

應確認的投資收益＝投資企業當年獲得的利潤或現金股利－被衝減初始投資成本的金額

例5-8：

A公司於2014年12月1日對乙公司投資1,000萬元，占乙公司權益性資本的60%，採用成本法核算。2014年12月31日乙公司確認實現淨利潤2,000萬元（假設每月利潤均勻）。2015年3月20日乙公司宣告發放2014年度的利潤1,600萬元。2015年4月2日A公司收到乙公司分配的利潤。2016年12月31日乙公司確認實現利潤1,800萬元。計算A公司2014—2015年應確認的投資收益是多少，並編製相應會計分錄。

（1）2014年投資收益為0元。

（2）2015年確認應衝減的成本為＝1,600×60%＝960（萬元）

借：應收股利　　　　　　　　　　　　　　　　　9,600,000

　　貸：投資收益　　　　　　　　　　　　　　　　9,600,000

（3）2015年4月收到分配的股利。

借：銀行存款　　　　　　　　　　　　　　　　　9,600,000

　　貸：應收股利　　　　　　　　　　　　　　　　9,600,000

例5-9：

甲企業於2014年1月1日以1,600萬元購入乙企業70%的股權，並準備長期持有。投資時，乙企業可辨認淨資產帳面價值為2,000萬元，公允價值為2,100萬元。假如甲、乙公司存在關聯關係，屬於同一控制下的企業合併。2014年乙企業實現淨利潤180萬元。2015年3月9日乙企業宣告分配現金股利50萬元。2015年4月10日甲企業收到現金股利。2015年乙企業發生虧損1,000萬元。要求：編製甲企業的相關會計分錄。

（1）2014 年 1 月 1 日購入時：
借：長期股權投資　　　　　　　　　　　　　　　14,000,000
　　資本公積——資本溢價　　　　　　　　　　　　2,000,000
　貸：銀行存款　　　　　　　　　　　　　　　　　16,000,000
（2）2014 年乙企業實現利潤，甲企業不需進行帳務處理。
（3）2015 年 3 月 9 日乙企業宣告分配現金股利，甲企業應享有的份額 = 500,000 × 70% = 350,000 元。
借：應收股利　　　　　　　　　　　　　　　　　　350,000
　貸：投資收益　　　　　　　　　　　　　　　　　　350,000
（4）2015 年 4 月 10 日甲企業收到現金股利時：
借：銀行存款　　　　　　　　　　　　　　　　　　350,000
　貸：應收股利　　　　　　　　　　　　　　　　　　350,000
（5）2015 年乙企業發生虧損，甲企業不需進行帳務處理。

【特別提示】

在成本法下，被投資方發生虧損時，投資方不需要按持有股份確認虧損額。

在成本法下，只有在被投資方宣告分派股利時，投資方才能按持有股份確認收益，否則是不能確認投資收益的。

二、長期股權投資的權益法核算

（一）權益法的含義及範圍

權益法是指投資以初始投資成本計量后，在投資持有期間根據投資企業享有的被投資單位所有者權益份額的變動對投資的帳面價值進行調整的方法。投資企業對被投資單位具有共同控制或重大影響的長期股權投資（即對合營企業或聯營企業的投資），應當採用權益法核算。

（二）帳戶設置

權益法下的長期股權投資的核算通常包括投資取得、持有期內的損益確認、持有期內的其他業務、持有期內的期末計價、投資處置等內容。企業應設置「長期股權投資」「應收股利」「長期股權投資減值準備」等科目進行核算，「長期股權投資」應按被投資單位的具體名稱，分別設置「成本」「損益調整」「其他權益變動」「其他綜合收益」明細科目進行明細核算。

（三）具體帳務處理

1. 取得時的核算

投資企業取得對聯營企業或合營企業的投資后，對於投資初始成本與應享有被投資單位可辨認淨資產公允價值份額之間的差額，應區別以下兩種情況進行處理：

第一，長期股權投資的初始投資成本大於投資時應享有的被投資單位可辨認淨資產公允價值份額的，該部分差額是投資企業在購入該項投資過程中通過購買作價體現

出的與所取得股權份額相對應的商譽，這種情況下不需對長期股權投資的成本進行調整。

第二，長期股權投資的初始投資成本小於投資時應享有的被投資單位可辨認淨資產公允價值份額的，該部分差額可以看作是被投資單位的股東給予投資企業的讓步，或是出於其他方面的考慮被投資單位的原有股東無償贈予投資企業的價值。因而應確認為當期收益，計入取得投資當期的營業外收入，同時調整增加長期股權投資的帳面價值，即按其差額，借記「長期股權投資——成本」科目，貸記「營業外收入」科目。

例 5-10：

A 公司於 2016 年 7 月 1 日支付價款 400 萬元購入 B 公司 20% 的有表決權股份，並對 B 公司具有重大影響，另支付相關稅費 5 萬元。同日，B 公司可辨認淨資產的公允價值為 2,200 萬元。請編製相應會計分錄。

借：長期股權投資——成本	4,400,000	
貸：銀行存款		4,050,000
營業外收入		350,000

例 5-11：

A 公司於 2016 年 6 月 2 日取得 B 公司 40% 的股權，支付價款 5,000 萬元，投資當日 B 公司的淨資產帳面價值為 6,000 萬元。A 公司能夠對 B 公司實施重大影響。請編製相應會計分錄。

借：長期股權投資	50,000,000	
貸：銀行存款		50,000,000

2. 持有期間，投資收益的確認

在權益法下，投資企業取得長期股權投資后，應當在投資損益實現的時點，即在被投資單位實現盈利或發生虧損時，投資企業按應享有或應分擔的部分確認為投資損益，並相應增加或減少長期股權投資的帳面價值。

採用權益法核算長期股權投資，在確認應享有或應分擔被投資企業的淨利潤或淨虧損的份額時，應具備以下三個條件：

一是投資企業與被投資企業採取相同的會計政策。

二是投資企業與被投資企業具有相同的會計期間。

三是投資企業應當以取得投資時被投資單位各項可辨認資產的公允價值為基礎。

在上述三個條件不具備的情況下，應進行如下調整后方可確認投資損益：

第一，對於被投資單位採用的會計政策及會計期間與投資企業不一致的，應當按照投資企業的會計政策及會計期間對被投資單位的財務報表進行調整，並據以確認投資損益。

第二，投資企業的投資收益應當以取得投資時被投資單位各項可辨認資產的公允價值為基礎，對被投資單位淨損益進行調整後加以確定。

例如，以取得投資時被投資單位固定資產、無形資產的公允價值為基礎計提的折舊或攤銷額，相對於被投資單位已計提的折舊額或攤銷額之間存在差額的，應按其差額對被投資單位的淨損益進行調整，並按調整后的淨損益和持股比例計算確認投資收

益。在進行有關調整時，應當考慮重要性項目。如果無法可靠確定投資時被投資單位各項可辨認資產等的公允價值，或者投資時被投資單位可辨認資產等的公允價值與其帳面價值之間的差額較小以及其他原因導致無法對被投資單位的淨損益進行調整，可以按照被投資單位的帳面淨損益與持股比例計算確認投資收益，但應在附註中說明這一事實及其原因。

在權益法下，投資企業確認被投資單位發生的淨虧損應當以長期股權投資的帳面價值以及其他實質上構成對被投資單位淨投資的長期權益減記至零為限，投資企業負有承擔額外損失義務的除外。其他實質上構成對被投資單位淨投資的長期權益，通常是指長期性的應收項目，如企業對被投資單位的長期債權，該債權沒有明確的清收計劃且在可預見的未來期間不準備收回的，實質上構成對被投資單位的淨投資。對於被投資企業虧損問題的處理，應注意以下問題：

第一，投資企業不存在其他實質上構成對被投資單位淨投資的長期權益以及負有承擔額外損失義務的情況下。當被投資單位發生虧損時，投資企業確認投資損失的金額，應當以長期股權投資的帳面價值減記至零為限。存在超額虧損時，確認投資損失的金額等於投資帳面價值，未確認投資損失金額等於應承擔虧損額減去投資帳面價值，未確認的投資損失金額應在帳外備查登記。被投資單位虧損後以後實現淨利潤的，投資企業在其收益分享額彌補未確認的虧損分擔額後，恢復確認收益分享額。

第二，投資企業存在其他實質上構成對被投資單位淨投資的長期權益以及負有承擔額外損失義務的情況下。當「應承擔虧損額＞投資帳面價值」，即存在超額虧損時，確認投資損失的金額等於應承擔虧損額。在長期股權投資的帳面價值減記至零以後，應當以其他實質上構成對被投資單位淨投資的長期權益帳面價值為限繼續確認投資損失，衝減長期權益的帳面價值。因投資合同或協議導致投資企業需要承擔額外義務的，按照或有事項準則的規定，對符合確認條件的義務，應確認為預計負債，同時計入當期投資損失。除上述情況仍未確認的應分擔被投資單位的損失，應在帳外備查登記。被投資單位以後期間實現盈利的，扣除未確認的虧損分擔額后，應按與上述順序相反的順序進行處理，減記已確認預計負債的帳面餘額，恢復其他長期權益及長期股權投資的帳面價值，同時確認投資收益。應當按順序分別借記「預計負債」「長期應收款」「長期股權投資」科目，貸記「投資收益」科目。

會計業務處理模板如下：

(1) 當被投資單位實現盈利時，按應享有的部分確認投資收益的金額。

借：長期股權投資——損益調整

　　貸：投資收益

(2) 當被投資單位發生虧損時，按應承擔的部分確認投資損失的金額。

①正常情況下：

借：投資收益

　　貸：長期股權投資——損益調整

②投資企業不存在其他實質上構成對被投資單位淨投資的長期權益以及負有承擔額外損失的情況下，在超額虧損時：

借：投資收益
　　貸：長期股權投資——成本
　　　　長期股權投資——損益調整

【特別提示】
未確認投資損失金額＝應承擔虧損額−投資帳面價值，並在帳外備查簿中登記。

③投資企業存在其他實質上構成對被投資單位淨投資的長期權益以及負有承擔額外損失義務的情況下，在超額虧損時：
借：投資收益
　　貸：長期股權投資——成本
　　　　長期股權投資——損益調整
　　　　長期股權投資——其他綜合收益
　　　　長期應收款
　　　　預計負債

例5-12：

2014年12月5日，甲公司出資800萬元購入乙公司40%的股份，款項用銀行存款支付。甲公司享有乙公司可辨認淨資產公允價值數額為620萬元。甲公司能夠對乙公司施加重大影響。乙公司2014年盈利30萬元（未進行利潤分配）。乙公司2015年虧損1,200萬元。為了解決乙公司生產經營資金的不足，甲公司於2016年年初以長期應收款的方式向乙公司提供資金76萬元，並且該筆應收款無明確的償還計劃。2016年乙公司虧損950萬元。請編製相應會計分錄。

(1) 2014年1月5日，甲公司購入乙公司40%的股份時：
借：長期股權投資——成本　　　　　　　　　　　　8,000,000
　　貸：銀行存款　　　　　　　　　　　　　　　　　　8,000,000

(2) 乙公司2014年實現盈利時：
甲公司應享有的份額＝300,000×40%＝120,000（元）
借：長期股權投資——損益調整　　　　　　　　　　　120,000
　　貸：投資收益　　　　　　　　　　　　　　　　　　120,000

(3) 乙公司2015年發生虧損時：
確認投資損失前，甲企業「長期股權投資」帳面價值＝8,000,000+120,000
　　　　　　　　　　　　　　　　　　　　　　　　＝8,120,000（元）
甲公司應分擔的損失份額＝12,000,000×40%＝4,800,000（元）
借：投資收益　　　　　　　　　　　　　　　　　　4,800,000
　　貸：長期股權投資——損益調整　　　　　　　　　　4,800,000

(4) 乙公司2016年發生虧損時：
確認投資損失前，甲企業「長期股權投資」帳面價值＝8,120,000−4,800,000
　　　　　　　　　　　　　　　　　　　　　　　　＝3,320,000（元）
甲公司應分擔的損失份額＝9,500,000×40%＝3,800,000（元）
因為甲企業應分擔的損失份額大於「長期股權投資」帳面價值，所以將「長期股

權投資」帳戶衝減至零后，還應衝減「長期應收款」帳戶。

  借：投資收益   3,800,000
    長期股權投資——損益調整   4,680,000
   貸：長期股權投資——成本   8,000,000
    長期應收款   480,000

3. 持有期內，現金股利或利潤的取得

以權益法核算的長期股權投資，在被投資單位宣告分派現金股利或利潤時，不確認為投資收益，而應抵減長期股權投資的帳面價值。

會計業務處理模板如下：

借：應收股利

 貸：長期股權投資——損益調整

例 5-13：

承接例 5-12，B 公司 2014 年實現淨利潤 500 萬元，宣告發放現金股利 200 萬元。請編製相應會計分錄。

（1）B 公司 2014 年實現淨利潤，A 公司應享有的份額 = 5,000,000×20%
                 = 1,000,000（元）

  借：長期股權投資——損益調整   1,000,000
   貸：投資收益   1,000,000

（2）B 公司宣告發放現金股利，A 公司應享有的份額 = 2,000,000×20%
                 = 400,000（元）

  借：應收股利   400,000
   貸：長期股權投資——損益調整   400,000

三、被投資單位其他綜合收益變動的處理

被投資單位其他綜合收益發生變動的，投資方應當按照歸屬於本企業的部分，相應調整長期股權投資的帳面價值，同時增加或減少其他綜合收益。

會計業務處理模板如下：

借：長期股權投資——其他綜合收益

 貸：其他綜合收益

或編製相反會計分錄。

例 5-14：

甲公司持有乙公司 25% 的股份，並能對乙公司施加的重大影響。當期，乙公司將其作為存貨的房地產轉換為以公允價值模式計量的投資性房地產，轉換日公允價值大於帳面 1,500 萬元，計入了其他綜合收益。不考慮其他因素，甲公司當期按照權益法核算應確認的其他綜合收益的會計處理如下：

按權益法核算甲公司應確認的其他綜合收益 = 1,500×25% = 375（萬元）

  借：長期股權投資——其他綜合收益   3,750,000
   貸：其他綜合收益   3,750,000

四、取得現金股利或利潤的處理

會計業務處理模板如下：
借：應收股利
　　貸：長期股權投資——損益調整

五、被投資單位除淨損益、其他綜合收益以及利潤分配以外的所有者權益的其他變動

被投資單位除淨損益、其他綜合收益以及利潤分配以外的所有者權益的其他變動的因素主要包括被投資單位接受其他股東的資本性投入、被投資單位發行可分離交易的可轉債中包含的權益成分、以權益結算的股份支付、其他股東對被投資單位增資導致投資方持股比例變動等。

投資方應按所持股權比例計算應享有的份額，調整長期股權投資的帳面價值，同時計入資本公積（其他資本公積），並在備查簿中予以登記。投資方在后續處置股權投資但對剩餘股權仍採用權益法核算時，應按處置比例將這部分資本公積轉入當期投資收益；對剩餘股權終止權益法核算時，應將這部分資本公積全部轉入當期投資收益。確認被投資單位所有者權益的其他變動。

會計業務處理模板如下：
借：長期股權投資——其他權益變動
　　貸：資本公積——其他資本公積
或編製相反會計分錄。

例 5-15：

A 企業持有 B 企業 30% 的股份，能夠對 B 企業施加重大影響。B 企業為上市公司，當期 B 企業的母公司給予 B 企業捐贈 1,000 萬元，該捐贈實質上屬於資本性投入，B 企業將其計入資本公積（股本溢價）。不考慮其他因素，A 企業按權益法進行如下會計處理：

A 企業確認應享有被投資單位所有者權益的其他變動 = 1,000×30% = 300（萬元）

借：長期股權投資——其他權益變動　　　　　3,000,000
　　貸：資本公積——其他資本公積　　　　　　　　3,000,000

六、長期股權投資減值準備

長期股權投資無論採用成本法核算還是權益法核算，投資企業應當在資產負債表日判斷對合營企業或聯營企業的長期股權投資是否存在可能發生減值的跡象。如果存在減值跡象的，應當估計其可收回金額。若預計可收回金額低於其帳面價值，應將該長期股權投資的帳面價值減記至可收回金額，減值的金額確認為減值損失。長期股權投資減值損失一經確認，在以后期間不得轉回。

會計業務處理模板如下：
借：資產減值損失
　　貸：長期股權投資減值準備

第六章　固定資產

【本章學習重點】

(1) 固定資產的定義及分類；
(2) 固定資產的初始計量及會計處理；
(3) 固定資產折舊及具體方法；
(4) 固定資產后續支出；
(5) 固定資產的處置；
(6) 固定資產減值。

第一節　固定資產概述

一、固定資產的定義

固定資產是指同時具有下列特徵的有形資產：

第一，為生產商品、提供勞務、出租或經營管理而持有的。

第二，使用壽命超過一個會計年度。其中，使用壽命是指企業使用固定資產的預計期間或者該固定資產所能生產產品或提供勞務的數量。使用壽命一般可從使用年限和使用期所能生產的產品或提供勞務的數量來表示。

第三，固定資產為有形資產。

第四，單位價值在 2,000 元以上。

二、固定資產的分類

企業的固定資產種類繁多、規格不一。因此，為了科學、合理地對固定資產進行管理和會計核算，企業應根據不同的管理需要和核算要求以及不同的分類標準，對固定資產進行不同的分類。固定資產的主要分類方法有以下幾種：

(一) 按固定資產的經濟用途分類

按固定資產的經濟用途分類，固定資產可以分為生產經營用固定資產和非生產經營用固定資產。

(二) 按固定資產的經濟用途和使用等綜合分類

按固定資產的經濟用途和使用等綜合分類，可以把企業的固定資產劃分為以下幾

大類：

(1) 生產經營用的固定資產。
(2) 非生產經營用固定資產。
(3) 租出固定資產（指在經營租賃方式出租給外單位使用的固定資產）。
(4) 不需要的固定資產。
(5) 土地。
(6) 融資租入的固定資產（這是指企業以融資租賃方式租入的固定資產，在租賃期內應視為自有固定資產進行管理）。

【特別提示】

作為固定資產管理和核算的土地是指過去已經估價並單獨入帳的土地。因徵地而支付的補償費，應計入與土地有關的房屋、建築物的價值內，不單獨作為土地價值入帳。企業取得的土地使用權，應作為無形資產，不作為固定資產管理。

(三) 按固定資產的使用情況分類

按固定資產的使用情況分類，可以將固定資產分為以下幾類：

(1) 使用中的固定資產。使用中的固定資產是指正在為企業生產經營服務的各類固定資產。對於季節性經營或大修理等原因，暫時停止使用的固定資產仍屬於企業使用中的固定資產，企業對外經營性出租的固定資產和內部替換使用的固定資產也屬於使用中的固定資產。

(2) 未使用的固定資產。未使用的固定資產是指暫時沒有使用，而將來需要為企業生產經營服務的固定資產。

(3) 不需用的固定資產。由於生產技術的進步，或者損壞等眾多原因，導致某項固定資產不能繼續為企業服務，需要退出企業的生產經營，此類固定資產就是不需用的固定資產。

由於企業的經營性質不同，經營規模各異，對固定資產的分類不可能完全一致。實際工作中，大多數企業採用綜合分類的方法作為編製固定資產目錄、進行固定資產核算的依據。

三、固定資產的初始計量

固定資產的初始計量是指固定資產初始成本的確定。固定資產應當按照成本進行初始計量，具體對成本計量時又要求按照以不同方式取得固定資產時所發生的實際成本計量。企業固定資產的取得方式主要有外購固定資產、自行建造、投資者投入、融資租入以及其他方式取得固定資產。

外購的固定資產成本包括實際支付的購買價款、相關稅費、使固定資產達到預定可使用狀態前所發生的可歸屬該項資產的運輸費、裝卸費、安裝費和專業人員服務費等。

【特別提示】

購進貨物用於建造不動產，雖然取得了增值稅專用發票，但不能計算進項稅額。

除專門用於非應稅項目、免稅項目等的機器設備進項稅額不得抵扣外，包括混用

的機器設備在內的其他機器設備進項稅額均可抵扣。

企業基於產品價格等因素的考慮，可能以一筆款項購入多項沒有單獨標價的固定資產。如果這些資產均符合固定資產的定義，並滿足固定資產的確認條件，則應將各項資產單獨確認為固定資產，並按各項固定資產公允價值的比例對總成本進行分配，分別確定各項固定資產的成本。

自行建造的固定資產成本由建造該項固定資產達到預定可使用狀態前所發生的必要支出構成，包括工程用物資成本、人工成本、繳納的相關稅費、應予資本化的借款費用以及應分攤的間接費用。企業自行建造固定資產，可採用兩種方式，即自營在建工程和出包在建工程。

投資者投入固定資產的成本應當按照投資合同或協議約定的價值確定，但投資合同或協議約定的價值不公允的除外。

融資租賃方式租入的固定資產應在租賃期開始日，將租賃開始日租賃資產公允價值與最低租賃付款額現值兩者中較低者，加上初始直接費用，作為租入資產的入帳價值。初始直接費用是指在租賃談判和簽訂租賃協議的過程中發生的可直接歸屬於租賃項目的費用，如印花稅、佣金、律師費、差旅費、談判費等。

第二節　取得固定資產的會計處理

一、固定資產核算的科目設置

為了核算固定資產，企業一般需要設置「固定資產」「在建工程」「工程物資」等科目。

「固定資產」科目屬於資產類科目，核算企業固定資產的原價，期末借方餘額反應企業期末固定資產的帳面原價。企業應當設置「固定資產登記簿」和「固定資產卡片」，按固定資產類別、使用部門和每項固定資產進行明細核算。

「在建工程」科目核算企業基建、更新改造等在建工程發生的支出，借方登記企業各項在建工程的實際支出，貸方登記完工工程轉出的成本，期末借方餘額反應企業尚未達到預定可使用狀態的在建工程的成本。

「工程物資」科目核算企業為在建工程而準備的各種物資的實際成本。該科目借方登記企業購入工程物資的成本，貸方登記領用工程物資的成本，期末借方餘額反應企業為在建工程準備的各種物資的成本。

二、外購不需要安裝的固定資產核算

外購不需要安裝的固定資產核算的會計業務處理模板如下：
借：固定資產
　　應交稅費——應交增值稅——進項稅額
　貸：銀行存款

　　　　應付帳款
　　　　應付票據
　例 6-1：
　　甲公司購入不需安裝的生產設備一臺，不含稅買價為 30,000 元，增值稅專用發票註明增值稅為 5,100 元，並支付運雜費 500 元，只取得了增值稅普通發票，全部款項以銀行存款支付。請編製相應會計分錄。

　　　借：固定資產　　　　　　　　　　　　　　　　　　　　30,500
　　　　　應交稅費——應交增值稅——進項稅額　　　　　　　　5,100
　　　　貸：銀行存款　　　　　　　　　　　　　　　　　　　　35,600

　例 6-2：
　　甲公司購入不需安裝的辦公設備一臺，不含稅買價為 10,000 元，增值稅為 1,700 元，取得了增值稅普通發票一張，並支付運輸費 200 元，全部款項以銀行存款支付。請編製相應會計分錄。

　　　借：固定資產　　　　　　　　　　　　　　　　　　　　11,900
　　　　貸：銀行存款　　　　　　　　　　　　　　　　　　　　11,900

三、外購需要安裝的固定資產核算

　　外購需要安裝的固定資產核算的會計業務處理模板如下：
　　1. 購入時
　　　借：在建工程
　　　　　應交稅費——應交增值稅——進項稅額
　　　　貸：銀行存款等科目
　　2. 發生各項安裝支出時
　　　借：在建工程
　　　　貸：銀行存款
　　　　　　應付帳款
　　　　　　應付票據
　　3. 安裝完畢達到預計可使用狀態時
　　　借：固定資產
　　　　貸：在建工程

　例 6-3：
　　丙公司購入需要安裝的生產設備一臺，不含稅買價為 50,000 元，增值稅專用發票上註明增值稅為 8,500 元，不含稅的運費為 1,000 元，取得了增值稅專用發票，稅率為 11%，安裝費為 6,000 元，所有款項以銀行存款支付。請編製相應會計分錄。

　　（1）購入需安裝的設備時：
　　　借：在建工程　　　　　　　　　　　　　　　　　　　　57,000
　　　　　應交稅費——應交增值稅——進項稅額　　　　　　　　8,610
　　　　貸：銀行存款　　　　　　　　　　　　　　　　　　　　65,610

（2）設備安裝完畢交付使用時：
借：固定資產　　　　　　　　　　　　　　　　　　57,000
　　貸：在建工程　　　　　　　　　　　　　　　　　　57,000

四、自營固定資產的核算

自營固定資產的核算的會計業務處理模板如下：
1. 購入工程物資時
借：工程物資
　　貸：銀行存款
　　　　應付帳款
　　　　應付票據
2. 領用工程物資時
借：在建工程
　　貸：工程物資
3. 領用原材料用於增值稅應稅項目建造（如機器設備等）時
借：在建工程
　　貸：原材料
4. 領用原材料用於非增值稅應稅項目建造（如房屋建築物等）時
借：在建工程
　　貸：原材料
　　　　應交稅費——應交增值稅——進項稅額轉出
5. 領用本企業庫存商品用於增值稅應稅項目建造（如機器設備等）時
借：在建工程
　　貸：庫存商品
6. 領用本企業庫存商品用於非增值稅應稅項目建造（如房屋建築物等）時
借：在建工程
　　貸：庫存商品
　　　　應交稅費——應交增值稅——銷項稅額
7. 自營工程發生其他費用（如分配工程人員工資等）時
借：在建工程
　　貸：應付職工薪酬
　　　　銀行存款等科目
8. 自營工程達到預計可使用狀態時
借：固定資產
　　貸：在建工程

例 6-4：

2016年2月，丁公司準備自行建造一廠房，為此購入工程物資一批，增值稅專用發票上註明的價款為200,000元，增值稅稅額為34,000元，款項以銀行存款支付，物

資全部投入工程建造。工程領用生產用原材料一批，成本為30,000元。購進時取得了增值稅專用發票，增值稅稅率為17%。領用本企業生產產品一批，實際成本為80,000元，稅務部門確定的計稅價格為100,000元，增值稅稅率為17%。另外，在建造過程中，應付工程人員工資50,000元，輔助生產車間為工程提供勞務20,000元。2016年3月末，工程達到預定可使用狀態。請編製相應會計分錄。

(1) 購入工程物資時：
借：工程物資　　　　　　　　　　　　　　　　　　234,000
　　貸：銀行存款　　　　　　　　　　　　　　　　　　234,000
(2) 領用工程物資時：
借：在建工程　　　　　　　　　　　　　　　　　　234,000
　　貸：工程物資　　　　　　　　　　　　　　　　　　234,000
(3) 領用生產用材料時：
借：在建工程　　　　　　　　　　　　　　　　　　35,100
　　貸：原材料　　　　　　　　　　　　　　　　　　　30,000
　　　　應交稅費——應交增值稅——進項稅額轉出　　　5,100
(4) 領用本企業生產的產品時：
借：在建工程　　　　　　　　　　　　　　　　　　97,000
　　貸：庫存商品　　　　　　　　　　　　　　　　　　80,000
　　　　應交稅費——應交增值稅——銷項稅額　　　　17,000
(5) 計提應付工程人員工資時：
借：在建工程　　　　　　　　　　　　　　　　　　50,000
　　貸：應付職工薪酬　　　　　　　　　　　　　　　　50,000
(6) 輔助生產車間為工程提供勞務時：
借：在建工程　　　　　　　　　　　　　　　　　　20,000
　　貸：生產成本——輔助生產成本　　　　　　　　　　20,000
(7) 工程達到預定可使用狀態時：
借：固定資產　　　　　　　　　　　　　　　　　　436,100
　　貸：在建工程　　　　　　　　　　　　　　　　　　436,100

五、出包工程的核算

出包工程核算的會計業務處理模板如下：
1. 按合理估計的發包工程進度和合同規定向建造承包商結算進度款時
借：在建工程
　　貸：銀行存款
2. 工程完工，按合同規定補付工程款時
借：在建工程
　　貸：銀行存款

3. 工程達到預定可使用狀態時

借：固定資產

　　貸：在建工程

【特別提示】

如果是預付工程款的，則應採用「預付帳款」科目進行核算。

例 6-5：

甲公司建造一棟樓房，出包給某建築企業，工程總造價為 1,600,000 元。按合理估計的發包工程進度和合同規定向該建築企業支付 960,000 元。工程完工后，收到建築企業有關結算單據，補付工程款 640,000 元，工程完工達到預定可使用狀態。請編製相應會計分錄。

(1) 按合理估計的發包工程進度和合同規定向建築企業結算進度款。

借：在建工程　　　　　　　　　　　　　　　　　960,000

　　貸：銀行存款　　　　　　　　　　　　　　　960,000

(2) 工程完工，辦理工程價款結算。

借：在建工程　　　　　　　　　　　　　　　　　640,000

　　貸：銀行存款　　　　　　　　　　　　　　　640,000

(3) 工程驗收合格交付使用，結轉在建工程成本。

借：固定資產　　　　　　　　　　　　　　　　1,600,000

　　貸：在建工程　　　　　　　　　　　　　　1,600,000

六、其他方式形成的固定資產

(一) 投資者投入的固定資產

　　會計業務處理模板如下：

　　借：固定資產

　　　　應交稅費——應交增值稅——進項稅額

　　　　貸：實收資本

　　　　　　資本公積——資本溢價

(二) 融資租賃租入的固定資產

　　例 6-6：

甲公司收到乙公司作為資本投入的不需要安裝的機器設備一臺，合同約定該機器設備的不含稅價值為 200 萬元，增值稅專用發票上註明增值稅為 34 萬元。經約定，甲公司接受乙公司的投入資本為 234 萬元。合同約定的固定資產價值與公允價值相符。請編製相應會計分錄。

借：固定資產　　　　　　　　　　　　　　　　2,000,000

　　應交稅費——應交增值稅——進項稅額　　　　340,000

　　貸：實收資本　　　　　　　　　　　　　　2,340,000

第三節　固定資產折舊

一、固定資產折舊的定義

固定資產折舊是指在固定資產使用壽命內，按照確定的方法對應計折舊額進行系統分攤。其中，應計折舊額是指應當計提折舊的固定資產的原價扣除其預計淨殘值后的金額。對於已計提減值準備的固定資產，還應當扣除已計提的固定資產減值準備累計金額。因此，影響固定資產折舊的因素主要有固定資產原值、預計淨殘值、固定資產減值準備、固定資產使用壽命。

預計淨殘值是指假定固定資產預計使用壽命已滿並處於使用壽命終了時的預期狀態，企業目前從該項固定資產處置中獲得的扣除預計處置費用后的金額。

企業應當根據固定資產的性質和使用情況，合理確定固定資產的使用壽命和預計淨殘值。固定資產的使用壽命、預計淨殘值一經確定，不得隨意變更，但符合規定的除外。

固定資產使用壽命是指企業使用固定資產的預計期間，或者該固定資產所能生產產品或提供勞務的數量。企業確定固定資產使用壽命，應當考慮下列因素：

第一，預計生產能力或實物產量。

第二，預計有形損耗和無形損耗。

第三，法律或者類似規定對資產使用的限制。

二、固定資產折舊的範圍

根據《企業會計準則第4號——固定資產》的規定，除以下情況外，企業應對固定資產計提折舊：

第一，已提足折舊仍繼續使用的固定資產。

第二，按規定單獨作價作為固定資產入帳的土地。

在確定固定資產折舊範圍時，必須注意以下幾點：

第一，企業應當按月計提折舊，當月增加的固定資產，當月不計提折舊，從下月起計提折舊；當月減少的固定資產，當月仍計提折舊，從下月起不再計提折舊。

第二，固定資產提足折舊后，不論能否繼續使用，均不再計提折舊；提前報廢的固定資產，也不再補提折舊。提足折舊是指已經提足該項固定資產的應計折舊額。

第三，已達到預定可使用狀態的固定資產但尚未辦理竣工結算的，應當按照估計價值確定其成本，並計提折舊；待辦理竣工結算后，再按照實際成本調整原來的暫估價值，但不需要調整已計提的折舊額。

第四，處於更新改造過程停止使用的固定資產，應將其帳面價值轉入在建工程，不再計提折舊。更新改造項目達到預定可使用狀態轉為固定資產后，再按照重新確定的折舊方法和該項固定資產尚可使用年限計提折舊。

第五，融資租入固定資產應當採用與自有應計折舊資產相一致的折舊政策。確定融資租賃的折舊期間應根據租賃合同而定。能夠合理確定租賃期滿時將會取得租賃資產所有權的，應以租賃期開始日租賃資產的使用壽命為折舊期間；無法合理確定租賃期滿后承租人是否能夠取得租賃資產所有權的，應以租賃期與租賃資產使用壽命兩者中較短者作為折舊期間。

三、固定資產折舊的方法

企業應當根據與固定資產有關的經濟利益的預期實現方式，合理選擇固定資產折舊方法。可選用的折舊方法有直線法和加速法兩大類。其中，直線法包括年限平均法和工作量法等；加速法包括年數總和法和雙倍餘額遞減法等。固定資產折舊方法一經確定，不得隨意變更，但符合規定的除外。

(一) 直線法

1. 年限平均法

年限平均法又稱直線法、平均法，是指將固定資產的折舊按照預計使用壽命平均分攤到各期的一種方法。其計算公式如下：

年折舊額＝(固定資產原值－預計淨殘值)÷預計使用年限

月折舊額＝年折舊額÷12

在實際核算中，通常以折舊率計算固定資產的折舊額。其計算公式如下：

年折舊率＝(1－預計淨殘值率)÷預計使用年限×100%

月折舊率＝年折舊率÷12

月折舊額＝固定資產原值×月折舊率

上述公式中，預計淨殘值率是預計淨殘值與原值的比率。

例 6-7：

甲公司一樓房於 2016 年 12 月投入使用，原值 120,000 元，預計淨殘值率為 2%，預計使用年限為 4 年。請計算每月應計提折舊額為多少？

年折舊額＝120,000×(1－2%)÷4＝29,400（元）

月折舊額＝29,400÷12＝2,450（元）

【特別提示】

此種方法的特點是計提每月折舊的基數是固定資產原值。

2. 工作量法

工作量法是指按照固定資產在整個使用期間預計可完成的總工作量計提折舊額的方法。其計算公式如下：

每一工作量折舊額＝固定資產原值×(1－預計淨殘值率)÷預計總工作量

月折舊額＝該固定資產當月工作量×每一工作量折舊額

例 6-8：

甲公司一輛運輸卡車原值 40,000 元，預計淨殘值率為 5%，預計總工作量為 50 萬千米，當月完成工作量 4,000 千米。請計算每月應計提折舊額為多少？

每一工作量折舊額＝40,000×(1-5%)÷500,000＝0.076（元/千米）

月折舊額＝4,000×0.076＝304（元）

(二) 加速法

1. 年數總和法

年數總和法是一種加速折舊法，是將固定資產的原值減去預計淨殘值後的淨額乘以一個逐年遞減的分數計算每年折舊額，該分數的分子代表固定資產尚可使用的年數，分母代表使用年數的逐年數字總和。其計算公式如下：

年折舊率＝尚可使用年限÷預計使用年限的年數總和×100%

月折舊率＝年折舊率÷12

月折舊額＝固定資產原值×(1-預計淨殘值率)×月折舊率

例6-9：

以例6-7資料，採用年數總和法計算該樓房各年折舊額。

第一年折舊率＝4÷(1+2+3+4)×100%＝40%

折舊額＝120,000×(1-2%)×40%＝47,040（元）

第二年折舊率＝3÷(1+2+3+4)×100%＝30%

折舊額＝120,000×(1-2%)×30%＝35,280（元）

第三年折舊率＝2÷(1+2+3+4)×100%＝20%

折舊額＝120,000×(1-2%)×20%＝23,520（元）

第四年折舊率＝1÷(1+2+3+4)×100%＝10%

折舊額＝120,000×(1-2%)×10%＝11,760（元）

【特別提示】

此種方法的特點是計提折舊的基數是固定資產折舊總額，折舊總額並沒有發生變化，只是每年的折舊率在發生變化。

2. 雙倍餘額遞減法

雙倍餘額遞減法是一種加速折舊法，是在不考慮固定資產預計淨殘值的情況下，根據每期固定資產帳面淨值和雙倍的平均法折舊率計算固定資產折舊的一種方法。其計算公式如下：

年折舊率＝(2÷預計使用年限)×100%

月折舊率＝年折舊率÷12

月折舊額＝(固定資產原價-累計折舊)×月折舊率

雙倍餘額遞減法不考慮固定資產的預計淨殘值，使用這種方法計算時，注意要使固定資產的帳面折餘價值等於固定資產的預計淨殘值，即在固定資產折舊年限到期的前兩年內，將固定資產淨值扣除預計淨殘值後的餘額平均計算。

最後兩年的年折舊額＝(固定資產原價-預計淨殘值-累計折舊)÷2

【特別提示】

此種方法的特點是計提折舊的基數是固定資產的淨值，並且每期的數據是變化的，折舊率是不發生變化的。最後兩年必須改為直線法。

採用加速折舊法，在固定資產使用的早期多提折舊，后期少提折舊。加快折舊速度，目的是使固定資產成本在預計使用年限內加快得到補償。

例 6-10：
以例 6-7 資料，採用雙倍餘額遞減法計算該樓房各年折舊額。
年折舊率 = 2÷4×100% = 50%
預計淨殘值 = 120,000×2% = 2,400（元）
第一年折舊額 = 120,000×50% = 60,000（元）
第二年折舊額 =（120,000-60,000）×50% = 30,000（元）
最后兩年採用直線法計算折舊：
第三年和第四年折舊額 =（120,000-60,000-30,000-2,400）÷2 = 13,800（元）

四、固定資產計提折舊的會計處理

企業按月計提的固定資產折舊應根據用途計入相關資產的成本或者當期損益。例如，生產車間使用的固定資產，其折舊記入「製造費用」帳戶；管理部門使用的固定資產，其折舊記入「管理費用」帳戶；銷售部門使用的固定資產，其折舊記入「銷售費用」帳戶；經營租賃方式租出的固定資產，其折舊記入「其他業務成本」帳戶；未使用的固定資產，其折舊記入「管理費用」帳戶。

企業應設置「累計折舊」科目進行核算。該科目屬於「固定資產」的備抵科目，用於核算企業固定資產的累計折舊。該科目貸方登記企業計提的固定資產折舊，借方登記處置固定資產轉出的累計折舊，期末餘額在貸方，反應企業固定資產的累計折舊額。

會計業務處理模板如下：
借：製造費用
　　在建工程
　　管理費用
　　銷售費用
　　其他業務成本
　貸：累計折舊

例 6-11：
甲公司按規定計提本月固定資產折舊，生產部門固定資產折舊 20,000 元，管理部門固定資產折舊 3,000 元，專設銷售部門固定資產折舊 700 元，經營性出租固定資產折舊 5,000 元，未使用房屋建築物折舊 10,000 元。請編製計提折舊時的會計分錄。

借：	製造費用	20,000
	管理費用	13,000
	銷售費用	700
	其他業務成本	5,000
貸：	累計折舊	38,700

第四節　固定資產后續支出

固定資產的后續支出是指固定資產在使用過程中發生的更新改造支出、修理費用等。固定資產后續支出的處理原則是：符合固定資產確認條件的，應當計入固定資產成本，同時將被替換部分的帳面價值扣除；不符合固定資產確認條件的，應當計入當期損益。

一、資本化后續支出

企業的固定資產投入使用后，為了適應新技術發展的需要，或者為了提高固定資產使用效能，往往需要對現有固定資產進行改建、擴建或改良。

固定資產發生的可資本化的后續支出時，企業一般應將該固定資產的原價、已計提的累計折舊和減值準備轉銷，將其帳面價值轉入在建工程。在固定資產發生的后續支出完工達到預定可使用狀態時，再從在建工程轉為固定資產，並按重新確定的使用壽命、預計淨殘值和折舊方法計提折舊。

會計業務處理模板如下：
1. 停止使用進入改擴建時
借：在建工程
　　累計折舊
　　固定資產減值準備
　貸：固定資產
2. 發生各種改擴建費用
借：在建工程
　貸：銀行存款
　　　庫存現金
　　　應付帳款
　　　應付票據
3. 改擴建完工達到預定可使用狀態
借：固定資產
　貸：在建工程
4. 改造過程中發生的廢料變現收入
借：庫存現金
　　銀行存款
　　應收帳款
　貸：在建工程

例 6-12：
某企業 2016 年 3 月對某生產線改造，該生產線原價 1,800 萬元，已提折舊 500 萬

元，2015 年 12 月 31 日已提減值準備 100 萬元。在改造過程中，領用工程物資 155 萬元，發生人工費用 50 萬元，產生其他費用 60 萬元（以銀行存款支付）。在試運行中取得淨收入 15 萬元。在 2016 年 10 月改造完工投入使用，改造后生產線可使其產品產量實質性提高，該改造支出應予以資本化。請編製相應會計分錄。

（1）2016 年 3 月轉入改造，資本化的固定資產后續支出應當終止確認，被替換部分的帳面價值視同處置將帳面價值結轉：

借：在建工程　　　　　　　　　　　　　　　12,000,000
　　累計折舊　　　　　　　　　　　　　　　　5,000,000
　　固定資產減值準備　　　　　　　　　　　　1,000,000
　貸：固定資產　　　　　　　　　　　　　　　18,000,000

（2）發生的改造支出，在實際發生時：

借：在建工程　　　　　　　　　　　　　　　 2,650,000
　貸：工程物資　　　　　　　　　　　　　　　 1,550,000
　　　應付職工薪酬　　　　　　　　　　　　　　 500,000
　　　銀行存款　　　　　　　　　　　　　　　　 600,000

（3）取得試運行淨收入，應衝減工程成本：

借：銀行存款　　　　　　　　　　　　　　　　 150,000
　貸：在建工程　　　　　　　　　　　　　　　　 150,000

（4）完工結轉，將更新改造后的固定資產重新入帳：

借：固定資產　　　　　　　　　　　　　　　14,500,000
　貸：在建工程　　　　　　　　　　　　　　　14,500,000

二、費用化后續支出

企業的固定資產投入使用后，由於各個組成部分耐用程度不同或者使用條件不同，因而往往發生固定資產的局部損壞。為了保持固定資產的正常運轉和使用，充分發揮其使用效能，就必須對其進行必要的后續支出。

固定資產的日常維護支出通常不滿足固定資產的確認條件，應在發生時直接計入當期損益。企業生產車間和行政管理部門等發生的固定資產修理費用等后續支出記入「管理費用」帳戶；企業專設銷售機構的，其發生的與專設銷售機構相關的固定資產修理費用等后續支出，記入「銷售費用」帳戶。固定資產更新改造支出不滿足固定資產確認條件的，也應在發生時直接計入當期損益。

會計業務處理模板如下：

借：管理費用
　　銷售費用
　貸：銀行存款
　　　庫存現金
　　　應付帳款
　　　應付票據

第五節　固定資產的處置

一、固定資產終止確認的條件

固定資產處置的確認和計量實質上是指對固定資產終止的確認和計量。

固定資產滿足下列條件之一的,應當予以終止確認:

第一,該固定資產處於處置狀態。固定資產處置包括固定資產的出售、轉讓、報廢或毀損、對外投資、非貨幣性資產交換、債務重組等。處於處置狀態的固定資產不再用於生產商品、提供勞務、出租或經營管理,因此不再符合固定資產的定義,應予終止確認。

第二,該固定資產預期通過使用或處置不能產生經濟利益。固定資產的確認條件之一是與該固定資產有關的經濟利益很可能流入企業,如果一項固定資產預期通過使用或處置不能產生經濟利益,那麼就不再符合固定資產的定義和確認條件,應予終止確認。

二、固定資產處置的核算

(一) 固定資產處置核算的帳戶設置

企業出售、轉讓、報廢固定資產和發生固定資產毀損,應當將處置收入扣除帳面價值和相關稅費后的金額計入當期損益。固定資產帳面價值是固定資產成本扣減累計折舊和累計減值準備后的金額。

固定資產的處置一般通過「固定資產清理」帳戶核算。「固定資產清理」帳戶借方登記轉入處置固定資產帳面價值、處置過程中發生的費用和相關稅金;貸方登記收回處置固定資產的價款、殘料、變價收入和應由保險公司賠償的損失。該帳戶期末借方餘額反應尚未清理完畢的固定資產清理淨損失;貸方餘額反應尚未清理完畢的固定資產清理淨收益。清理完畢后,該帳戶無餘額。

(二) 固定資產出售、報廢、毀損的會計核算

會計業務處理模板如下:

1. 轉入清理

借:固定資產清理
　　累計折舊
　　固定資產減值準備
　貸:固定資產

2. 發生的清理費用

借:固定資產清理
　貸:銀行存款

　　　　庫存現金
　　　　應付帳款
　　　　應付票據
　　　　應交稅費——應交增值稅——銷項稅額
　3. 出售收入、殘料等的處理
　借：銀行存款
　　　原材料
　　貸：固定資產清理
　4. 清理淨損益的處理
（若餘額在固定資產清理帳戶借方）
借：營業外支出
　　貸：固定資產清理
（若餘額在固定資產清理帳戶貸方）
借：固定資產清理
　　貸：營業外收入

例 6-13：

甲公司出售一臺生產設備，取得價款 22 萬元，已收存銀行；該設備原價 100 萬元，已提折舊 80 萬元；出售中發生相關費用 1 萬元，已用銀行存款支付。請編製相應會計分錄。

（1）將固定資產轉入清理：

借：固定資產清理	200,000
累計折舊	800,000
貸：固定資產	1,000,000

（2）反應清理費用：

借：固定資產清理	10,000
貸：銀行存款	10,000

（3）反應清理收入：

借：銀行存款	220,000
貸：固定資產清理	220,000

（4）結轉清理的淨收益：

借：固定資產清理	10,000
貸：營業外收入	10,000

例 6-14：

甲公司出售一棟廠房，原值 450,000 元，已提折舊 180,000 元，不含增值稅的出售價款為 280,000 元，稅率為 11%，稅款已收到並存入銀行。以銀行存款支付清理費用 10,000 元，殘料列作原材料 6,000 元。請編製相應會計分錄。

（1）固定資產轉入清理：

借：固定資產清理	270,000

  累計折舊   180,000
  貸：固定資產   450,000
(2) 借：銀行存款   310,800
  貸：固定資產清理   280,000
    應交稅費——應交增值稅——銷項稅額   30,800
(3) 支付清理費用：
借：固定資產清理   10,000
  貸：銀行存款   10,000
(4) 殘料列作原材料入庫：
借：原材料   6,000
  貸：固定資產清理   6,000
(5) 結轉清理淨損失：
借：固定資產清理   6,000
  貸：營業外收入   6,000

例 6-15：

  甲公司因自然災害毀損一設備，原值 400,000 元，已提折舊 380,000 元，經批准報廢。在清理過程中，以銀行存款支付清理費用 10,000 元，拆除的殘料 20,000 元，列作原材料，另一部分變賣收入 2,000 元。請編製相應會計分錄。

(1) 固定資產轉入清理：
借：固定資產清理   20,000
  累計折舊   380,000
  貸：固定資產   400,000
(2) 支付清理費用：
借：固定資產清理   10,000
  貸：銀行存款   10,000
(3) 出售收入和材料入庫：
借：銀行存款   2,000
  原材料   20,000
  貸：固定資產清理   22,000
(4) 結轉清理損失：
借：營業外支出——非常損失   8,000
  貸：固定資產清理   8,000

第六節　固定資產清查

企業應定期或者至少於每年年末對固定資產進行清查盤點，以保證固定資產核算的真實性，充分挖掘企業現有固定資產的潛力。在固定資產清查過程中，如果發現盤盈、盤虧的固定資產，應填製固定資產盤盈盤虧報告表，並及時查明原因，按照規定程序報批處理。

一、固定資產盤虧的會計核算

固定資產的盤虧造成的損失，應當計入當期損益。
會計業務處理模板如下：
1. 發現盤虧時
借：待處理財產損溢——待處理固定資產損溢
　　累計折舊
　　固定資產減值準備
　貸：固定資產
2. 經批准處理
借：其他應收款
　　營業外支出——盤虧損失
　貸：待處理財產損溢——待處理固定資產損溢

二、固定資產盤盈的會計核算

固定資產的盤盈應作為前期差錯直接記入「以前年度損益調整」帳戶。
會計業務處理模板如下：
1. 發現盤盈時
借：固定資產
　貸：以前年度損益調整
2. 調整應交的企業所得稅
借：以前年度損益調整
　貸：應交稅費——應交所得稅
3. 結轉以前年度損益調整帳戶餘額
借：以前年度損益調整
　貸：利潤分配——未分配利潤

例 6-16：
甲公司對固定資產進行清查時發現盤虧設備一臺，原值 9,800 元，已提折舊 400 元。經批准，該盤虧設備作營業外支出處理。盤盈電腦一臺，重置成本 10,000 元。該企業所得稅稅率為 25%。請編製相應會計分錄。

（1）發現盤虧時：

借：待處理財產損溢——待處理固定資產損溢　　　　　9,400
　　累計折舊　　　　　　　　　　　　　　　　　　　　400
　　貸：固定資產　　　　　　　　　　　　　　　　　9,800

（2）對盤虧的固定資產經批准處理：

借：營業外支出——盤虧損失　　　　　　　　　　　　9,400
　　貸：待處理財產損溢——待處理固定資產損溢　　　9,400

（3）發現盤盈時：

借：固定資產　　　　　　　　　　　　　　　　　　10,000
　　貸：以前年度損益調整　　　　　　　　　　　　10,000

（4）調整企業所得稅：

借：以前年度損益調整　　　　　　　　　　　　　　2,500
　　貸：應交稅費——應交企業所得稅　　　　　　　2,500

（5）結轉盤盈損益：

借：以前年度損益調整　　　　　　　　　　　　　　7,500
　　貸：利潤分配——未分配利潤　　　　　　　　　7,500

【特別提示】

「以前年度損益調整」會計科目的餘額只能轉入「利潤分配」會計科目中，而不能轉入「本年利潤」會計科目中。

第七節　固定資產減值的會計核算

一、固定資產減值概述

固定資產減值是指固定資產的可收回金額低於其帳面價值。

企業在資產負債表日，應當判斷固定資產是否存在可能發生減值的跡象。如果固定資產存在減值跡象，應當進行減值測試，估計固定資產的可收回金額。可收回金額低於帳面價值的，應當按照可收回金額低於帳面價值的金額計提減值準備。

固定資產減值跡象是固定資產是否需要進行減值測試的必要前提。固定資產可能發生減值的跡象主要從外部信息來源和內部信息來源兩方面加以判斷。

從企業外部信息來源來看，以下情況均屬於固定資產可能發生減值的跡象，企業應該據此估計固定資產的可收回金額，決定是否需要確認減值損失：

第一，如果出現了固定資產的市價在當期大幅度下降，其跌價幅度高於因時間的推移或者正常使用而預計的下跌。

第二，如果企業經營所處的經濟、技術或者法律等環境以及固定資產所處的市場在當期或者將在近期發生重大變化，從而對企業產生不利影響。

第三，如果市場利率或者其他市場投資報酬率在當期已經提高，從而影響企業計

算固定資產預計未來現金流量現值的折現率，導致固定資產可收回金額大幅度降低等。

從企業內部信息來源來看，以下情況均屬於固定資產可能發生減值的跡象，企業應該據此估計固定資產的可回收金額，決定是否需要確認減值損失：

第一，如果企業有證據表明固定資產已經陳舊過時或者計劃實體已經損壞。

第二，如果固定資產已經或者將被閒置、終止使用或者計劃提前處置。

第三，如果企業內部報告的證據表明固定資產的經濟績效已經低於或者將低於預期，比如固定資產所創造的淨現金流量或者實現的營業利潤遠遠低於原來的預算或者預計金額等。

二、固定資產減值的帳務處理

固定資產可收回金額低於帳面價值時，應當將固定資產的帳面價值減記至可收回金額，減記的金額確認為固定資產減值損失，計入當期損益，同時計提相應的資產減值準備。因此，固定資產減值損失的確定應當在取得固定資產可收回金額後，根據可收回金額和帳面價值相比較后獲得。

固定資產減值損失一經確認，在以后期間不得轉回。但是，遇到固定資產處置、出售、對外投資等情況，同時符合固定資產終止確認條件的，企業應當將固定資產減值準備予以轉銷。

會計業務處理模板如下：

借：資產減值損失
　　貸：固定資產減值準備

【特別提示】

固定資產計提減值準備后，固定資產帳面價值將根據計提的減值準備相應抵減。在未來期間計提折舊時，應當以新的固定資產帳面價值為基礎計提每期折舊。

例 6-17：

2016 年 12 月 31 日，甲公司的機器設備存在可能發生減值的跡象。經計算，該機器設備的可收回金額合計為 2,350,000 元，帳面價值為 2,500,000 元，以前年度未對該機器設備計提過減值準備。請編製相應會計分錄。

借：資產減值損失　　　　　　　　　　　　　　　150,000
　　貸：固定資產減值準備　　　　　　　　　　　　　　　150,000

第七章 無形資產

【本章學習重點】

(1) 無形資產的定義、特徵及具體範圍；
(2) 無形資產的初始計量；
(3) 無形資產的后續計量；
(4) 無形資產的處置。

第一節 無形資產概述

一、無形資產的含義和特徵

根據企業會計準則的規定，無形資產是指企業擁有或控制的沒有實物形態的可辨認非貨幣性資產。正確理解無形資產的概念，對於正確核算無形資產及其信息披露都是非常重要的。相對於其他資產，無形資產具有以下特徵：

(一) 無形資產必須是由企業擁有或控制的

這裡強調了無形資產的實際控制權，包括以下兩個方面：一方面是無形資產的所有權必須是企業所有的，它的取得方式可以是自行開發、外購、投資者投入或者其他交易換入等，如專利權、著作權、商標權等；另一方面是對於所有權不歸企業所有但企業能實際控制的，企業在獲得其使用權時可以確認為無形資產，如土地使用權。

(二) 無形資產沒有實物形態但可辨認

無形資產與其他資產的顯著區別就是沒有實物形態，通常表現為某種權利或者某項技術，如專利權、非專利技術、商標權等。但是並非所有沒有實物形態的資產都屬於無形資產，無形資產還必須具有可辨認性。可辨認性是指無形資產可以從企業中分離或者劃分出來，可以用於出售、轉移或者交換的，比如專利權、著作權；或者是根據合同規定可以授權使用的，比如特許權。在最新的企業會計準則中明確規定了商譽不屬於無形資產，因為它無法與企業分開，不具有可辨認性。

(三) 無形資產屬於非貨幣性資產

非貨幣性資產是指企業持有的貨幣資金和將以固定或可確定的金額收取的資產以外的其他資產。也就是說，無形資產由於沒有發達的交易市場，一般不容易轉化為現

金，在持有過程中為企業帶來的經濟利益的情況是不確定，不屬於以固定或可確定的金額收取的資產，屬於非貨幣性資產。

二、無形資產的內容

無形資產通常包括專利權、商標權、土地使用權、著作權、特許權、專有技術等。

(一) 專利權

專利權是發明創造人或其權利受讓人對特定的發明創造在一定期限內依法享有的獨占實施權。

(二) 商標權

商標權是指商標主管機關依法授予商標所有人對其註冊商標受國家法律保護的專有權。商標是用以區別商品和服務不同來源的商業性標誌，由文字、圖形、字母、數字、標誌等組成。商標註冊人依法擁有商標的排他使用權、收益權、處分權等。

(三) 土地使用權

土地使用權是指單位或者個人依法或依約定，對國有土地或集體土地所享有的佔有、使用、收益和有限處分的權利。按照《中華人民共和國土地管理法》的規定，土地實行公有制，凡具備法定條件者，依照法定程序都可以取得土地使用權，成為土地使用權的主體，土地使用權可以出讓、轉讓、買賣、出租、抵押。

(四) 著作權

著作權又稱為版權，是指著作權人對文學、藝術或科學作品依法享有的財產權利和人身權利的總稱。其中，著作人身權包括公開發表權、姓名表示權等；著作財產權包括重製權、公開播送權、公開傳輸權、改作權、散布權、出租權等。

(五) 特許權

特許權是指特許人授予受許人的某種權利。在該權利下，受許人可以在約定的條件下使用特許人的某種工業產權或知識產權，如商標特許經營、產品特許經營、生產特許經營、品牌特許經營、專利及商業秘密特許經營和經營模式特許經營等。

(六) 專有技術

專有技術也稱非專利技術，指先進、實用但未申請專利的技術秘密（訣竅），包括設計圖紙、配方、數據公式以及技術人員的經驗和知識等。

三、無形資產的確認

(一) 無形資產的確認條件

根據企業會計準則的規定，除了滿足無形資產的定義外，還必須滿足以下兩個條件才能確認為無形資產：一是與該無形資產有關的經濟利益很可能流入企業；二是該無形資產的成本能夠可靠計量。

企業會計準則規定，企業在判斷無形資產產生的經濟利益是否很可能流入時，應當對無形資產在預計使用壽命內可能存在的各種經濟因素進行合理估計，並且應當有明確證據支持。比如必須考慮是否存在相關的新技術、新產品的衝擊，考慮與無形資產相關的技術或賴以生產的產品市場等。總之，在實施判斷時，企業的管理部門應對無形資產在預計使用年限內存在的各種因素提出穩健的估計。

成本能夠可靠計量是無形資產確認的一項重要條件，無形資產的成本計量方法應根據其取得方式的不同而不同。對於外購的無形資產，以實際支付的價款作為實際成本。對於企業自創的商譽，由於其產生過程的成本無法可靠計量，因此不能確認為無形資產。

(二) 研究開發項目支出的確認

企業內部研究開發項目的支出，應當區分研究階段支出與開發階段支出。

1. 研究階段支出

研究階段是指為獲取並理解新的科學或技術知識而進行的獨創性的有計劃調查。其特點在於研究階段是探索性的，為進一步的開發活動進行資料及相關方面的準備。從已經進行的研究活動看，將來是否轉入開發、開發後是否會形成無形資產等具有較大的不確定性。因此，企業內部研究開發項目研究階段的有關支出，應當於發生時費用化，計入當期損益，不確認無形資產。

2. 開發階段支出

開發階段是指在進行商業性生產或使用前，將研究成果或其他知識應用於某項計劃或設計，以生產出新的或具有實質性改進的材料、裝置、產品等。開發階段相對於研究階段而言，應當是已完成研究階段的工作，在很大程度上具備了形成一項新產品或新技術的基本條件。

企業內部研究開發項目開發階段的支出，同時滿足下列條件的，才能確認為無形資產，否則計入當期損益：一是完成該無形資產以使其能夠使用或出售且在技術上具有可行性；二是具有完成該無形資產並使用或出售的意圖；三是無形資產產生經濟利益的方式包括能夠證明運用該無形資產生產的產品存在市場或無形資產自身存在市場，無形資產將在內部使用的，應當證明其有用性；四是有足夠的技術、財務資源和其他資源支持，以完成該無形資產的開發，並有能力使用或出售該無形資產。

3. 無法區分研究階段支出和開發階段支出

應當將其所發生的研發支出全部費用化，計入當期損益（管理費用）。

例 7-1：

甲公司在成立初期發生以下業務：支付開辦費 5 萬元，為獲得土地使用權支付土地出讓金 5,000 萬元，支付開發新技術過程中發生研究開發費 100 萬元。請判斷該企業應作為無形資產入帳的是哪些？

(1) 開辦費 5 萬元應先在長期待攤費用中歸集，待企業開始生產經營當月一次計入開當月的管理費用。

(2) 為獲得土地使用權支付的土地出讓金 5,000 萬元應作為無形資產入帳。

（3）企業研究階段支出的 100 萬元應全部費用化，計入當期損益（管理費用）。因為根據有關規定，開發階段的支出符合資本化條件的才能確認為無形資產；不符合資本化條件的計入當期損益（管理費用）；無法區分研究階段支出和開發階段支出，應當將其所發生的研發支出全部費用化，計入當期損益（管理費用）。本例中的研究開發費 100 萬元無法區分研究階段支出和開發階段支出，因此應計入當期損益中。

第二節　無形資產的初始計量

一、無形資產初始計量的方法

無形資產的初始計量是指對取得的無形資產入帳價值的計算，通常是按實際成本計量，包括取得無形資產並使之達到預定用途而發生的全部支出。根據取得無形資產的方式的不同，無形資產的初始計量的方法也有所區別。

（一）外購的無形資產成本

外購無形資產的成本包括購買價款、相關稅費以及直接歸屬於使該項資產達到預定用途所發生的其他支出。其中，其他支出指的是使無形資產達到預定用途之前所發生的專業服務費用、測試費等，但不包括為引入新產品進行宣傳發生的廣告費、管理費用及其他間接費用，也不包括在無形資產已經達到預定用途以後發生的費用。

如購買無形資產的價款超過正常信用條件延期支付，實質上具有融資性質的，無形資產的成本以購買價款的現值為基礎確定。實際支付的價款與購買價款的現值之間的差額，除按照《企業會計準則第 17 號——借款費用》應予資本化的以外，應當在信用期間計入當期損益。

（二）投資者投入的無形資產成本

對於投資者投入的無形資產的成本，應當按照投資合同或協議約定的價值確定。在投資合同或協議約定價值不公允的情況下，應按無形資產的公允價值入帳，所確認的初始成本與實收資本或股本之間的差額調整資本公積。

（三）自行開發的無形資產成本

企業會計準則規定，自行開發的無形資產成本包括自滿足無形資產的確認條件後至達到預定用途前所發生的支出總額，包括開發過程中發生的材料費用、直接參與開發人員的工資及福利費、開發過程中發生的租金、借款費用、註冊費、聘請律師費。

不符合資本化條件的開發支出應計入當期損益（管理費用）；企業研究階段的支出全部費用化，應計入當期損益（管理費用）；無法區分研究階段支出和開發階段支出，應當將其所發生的研發支出全部費用化，計入當期損益（管理費用）。

在確認前已經計入各期費用的研究與開發費用，在無形資產研發獲得成功並依法申請權利時，不得再將原已計入損益的研究與開發費用資本化轉作無形資產。

無形資產在確認后發生的后續支出，如宣傳活動支出，應在發生當期確認為費用。

(四) 土地使用權的成本

企業取得的土地使用權通常應確認為無形資產。土地使用權用於自行開發建造廠房等地上建築物時，土地使用權的帳面價值不與地上建築物合併計算其成本，而仍作為無形資產進行核算，土地使用權與地上建築物分別進行攤銷和計提折舊。

如果企業外購的土地與建築物一同支付的，價款應當在地上建築物與土地使用權之間進行分配，分別確認為固定資產和無形資產。如果地上建築物與土地使用權之間確實難以合理區分的，其土地使用權價值仍應確認為固定資產原價。如果改變土地使用權用途，用於賺取租金或資本增值的，應當將其轉為投資性房地產。

對於房地產開發企業取得土地使用權用於建造對外出售的房屋建築物，相關的土地使用權帳面價值應當計入所建造的房屋建築物成本。

二、無形資產初始計量核算的科目設置

根據企業會計準則的規定，企業應設置「無形資產」科目核算無形資產的增減情況。「無形資產」科目屬於資產類科目，借方登記無形資產的取得成本，貸方登記轉讓、核銷的成本，餘額在借方，反應企業期末的無形資產成本。

為了核算企業進行研究與開發無形資產過程中發生的各項支出，企業還應設置「研發支出」科目，該科目屬於成本類科目，借方登記實際發生的研發支出，貸方登記轉為無形資產和管理費用的金額，借方餘額反應企業正在進行中的研究開發項目中滿足資本化條件的支出。該科目可按研究開發項目分別設置「資本化支出」與「費用化支出」明細科目進行明細核算。「資本化支出」核算按照企業會計準則的規定，發生在開發階段且符合無形資產確認條件的支出。「費用化支出」核算開發無形資產過程中發生的不滿足資本化條件的支出。

三、無形資產初始計量的會計處理

(一) 外購的無形資產的初始計量

會計業務處理模板如下：
借：無形資產
　　貸：銀行存款
　　　　應付帳款
　　　　應付票據

例 7-2：

甲公司購入一項 200 萬元的專利權，另外還支付相關費用 3 萬元，款項已通過銀行支付。請編製相應會計分錄。

借：無形資產　　　　　　　　　　　　　　　　　2,030,000
　　貸：銀行存款　　　　　　　　　　　　　　　　　　　2,030,000

例 7-3：

甲公司申請取得土地使用權一項，以銀行存款支付土地出讓金 300 萬元。請編製相應會計分錄。

借：無形資產——土地使用權　　　　　　　　　　　3,000,000
　　貸：銀行存款　　　　　　　　　　　　　　　　　　3,000,000

(二) 投資者投入的無形資產初始計量

會計業務處理模板如下：

借：無形資產
　　貸：實收資本
　　　　資本公積——資本溢價

例 7-4：

丙公司接受甲公司所擁有的專利權投資，雙方協議價格為 500 萬元，市場公允價值為 480 萬元。丙公司註冊資本為 5,000 萬元，甲公司持有丙公司 10% 的股權。請編製相應會計分錄。

借：無形資產　　　　　　　　　　　　　　　　　　5,000,000
　　貸：實收資本　　　　　　　　　　　　　　　　　　5,000,000

(三) 自行開發的無形資產的初始計量

會計業務處理模板如下：

1. 自行開發發生的各項支出

借：研發支出——費用化支出
　　　　　　——資本化支出
　　貸：銀行存款
　　　　應付職工薪酬
　　　　應付帳款
　　　　應付票據

2. 達到預定用途形成無形資產

借：無形資產
　　貸：研發支出——資本化支出

3. 期末，企業應將「研發支出」科目歸集的費用化支出金額轉入當期管理費用

借：管理費用
　　貸：研發支出——費用化支出

例 7-5：

甲公司於 2016 年 3 月 1 日開始自行開發成本管理軟件，在研究階段發生費用 10 萬元，開發階段發生開發費用 100 萬元，開發階段的支出滿足資本化條件。2016 年 4 月 16 日，甲公司自行開發成功該成本管理軟件，並依法申請了專利，支付註冊費 1 萬元，律師費 2.5 萬元。2016 年 5 月 20 日，甲公司為向社會展示其成本管理軟件，特舉辦了大型宣傳活動，支付費用 15 萬元。請確定無形資產的入帳價值並進行相關帳務處理。

(1) 企業研究階段發生的支出：

借：研發支出——費用化支出　　　　　　　　　　　100,000
　　貸：銀行存款　　　　　　　　　　　　　　　　　　100,000

(2) 開發階段發生的支出：

借：研發支出——資本化支出　　　　　　　　1,000,000
　　貸：銀行存款　　　　　　　　　　　　　　　　1,000,000

(3) 依法取得權利時發生的註冊費、律師費等費用作為無形資產的實際成本。

借：無形資產　　　　　　　　　　　　　　　　35,000
　　貸：銀行存款　　　　　　　　　　　　　　　　　35,000

(4) 在無形資產獲得成功並依法申請取得權利時：

借：無形資產　　　　　　　　　　　　　　　1,000,000
　　貸：研發支出——資本化支出　　　　　　　　　1,000,000
借：管理費用　　　　　　　　　　　　　　　　100,000
　　貸：研發支出——費用化支出　　　　　　　　　　100,000

(5) 發生的宣傳活動費用：

借：管理費用　　　　　　　　　　　　　　　　150,000
　　貸：銀行存款　　　　　　　　　　　　　　　　150,000

例 7-6：

某企業自行研究開發一項新產品專利技術，在研究開發過程中使用材料 3,000,000 元（增值稅稅率為 17%），購進時取得了增值稅專用發票，發生人工費用 2,000,000 元以及其他費用 1,500,000 元（其他費用已通過銀行存款支付）。其中，符合資本化條件的支出為 5,000,000 元。期末，該專利技術已經達到預定用途。請編製相應會計分錄。

(1) 發生相關費用時：

借：研發支出　　　　　　　　　　　　　　　7,010,000
　　貸：原材料　　　　　　　　　　　　　　　　3,000,000
　　　　應交稅費——應交增值稅——進項稅額轉出　510,000
　　　　應付職工薪酬　　　　　　　　　　　　　2,000,000
　　　　銀行存款　　　　　　　　　　　　　　　1,500,000

(2) 期末，該專利技術已經達到預定用途時：

借：管理費用　　　　　　　　　　　　　　　2,010,000
　　無形資產　　　　　　　　　　　　　　　　5,000,000
　　貸：研發支出　　　　　　　　　　　　　　　7,010,000

第三節　無形資產的后續計量

無形資產的后續計量主要包括無形資產的攤銷以及無形資產的減值計量。

一、無形資產的攤銷

無形資產的攤銷是指根據無形資產的有效受益年限等，按照無形資產的成本扣除殘值或已計提的無形資產減值準備累計金額后，計算出每個會計期間應分攤的數額。

(一) 無形資產攤銷年限的確定

企業持有的無形資產，通常來源於合同性權利或是其他法定權利，並且合同規定或法律規定有明確的使用年限。

來源於合同性權利或是其他法定權利的無形資產，其使用壽命不應超過合同性權利或是其他法定權利的期限。例如，企業以支付土地出讓金方式取得一塊土地50年的使用權，如果企業準備持續持有，在50年期間內沒有計劃出售，該項土地使用權預期為企業帶來未來經濟利益的期間為50年。

如果合同性權利或是其他法定權利能夠在到期時因續約等延續，並且有證據表明企業續約不需要付出大額成本，續約期應當計入使用壽命。

合同或法律沒有規定使用壽命的，企業應當綜合各方面情況判斷，以確定無形資產能為企業帶來未來經濟利益的期限。例如，與同行業的情況進行比較、參考歷史經驗、聘請相關專家進行論證等。

企業確定無形資產的使用壽命，應當考慮以下因素：

第一，該資產通常的產品壽命週期、可獲得的類似資產使用壽命的信息。

第二，技術、工藝等方面的現實情況及對未來發展的估計。

第三，以該資產生產的產品或服務的市場需求情況。

第四，現在或潛在的競爭者預期採取的行動。

第五，為維持該資產產生未來經濟利益的能力預期的維護支出以及企業預計支付有關支出的能力。

第六，對該資產的控制期限，使用的法律或類似現值，如特許使用期間、租賃期間等。

第七，與企業持有的其他資產使用壽命的關聯性等。

按照上述方法仍無法合理確定無形資產為企業帶來經濟利益期限的，該項無形資產應作為使用壽命不確定的無形資產。

使用壽命有限的無形資產，其應攤銷金額應當在使用壽命內系統合理攤銷。

(二) 無形資產殘值的確定

無形資產的殘值一般為零，下列兩種情況除外：

第一，有第三方承諾在無形資產使用壽命結束時願意以一定的價格購買該項無形資產。

第二，存在活躍市場，通過市場可以得到無形資產使用壽命結束時的殘值信息，並且從目前情況看，在無形資產使用壽命結束時，該市場還可能存在的情況下，無形資產可以存在殘值。

殘值確定以後，在持有無形資產的期間，至少應於每年年末進行復核，預計其殘值與原估計金額不同的，應按照會計估計變更進行處理。

(三) 無形資產的攤銷方法

根據會計制度的規定，無形資產的攤銷期自其可供使用時（即其達到能夠按管理層預定的方式運作所必需的狀態）開始至不再作為無形資產確認時為止。無形資產攤銷方法，應該反應與該項無形資產有關的經濟利益的預期實現方式，具體方法有工作量法、直線法等。無法可靠確定預期實現方式的，應當採用直線法攤銷，即從取得無形資產的當月起，將無形資產的成本扣除殘值或已計提的無形資產減值準備累計金額後，按確定的攤銷期限平均攤入各期費用中。使用壽命不確定的無形資產不應攤銷。

企業至少應當於每年年度終了，對使用壽命有限的無形資產的使用壽命及攤銷方法進行復核。如果有證據表明無形資產的使用壽命及攤銷方法與以前估計不同的，應當改變攤銷期限和攤銷方法。

企業應當在每個會計期間對使用壽命不確定的無形資產進行復核，如果有證據表明其壽命是有限的，則應估計其使用壽命並按照估計使用壽命進行攤銷。

【特別提示】

無形資產自入帳開始使用當期開始攤銷，退出使用當期停止攤銷。

二、無形資產攤銷的會計核算

(一) 科目設置

企業應按期（月）計提無形資產的攤銷。為核算企業對使用壽命有限的無形資產計提的累計攤銷，企業應設置「累計攤銷」科目。該科目是無形資產的備抵科目，貸方登記企業計提的無形資產攤銷，借方登記處置無形資產轉出的累計攤銷，期末為貸方餘額，反應企業無形資產的累計攤銷額。

(二) 使用壽命有限的無形資產攤銷的會計處理

企業會計準則規定，無形資產的攤銷金額一般應當計入當期損益，如果某項無形資產包含的經濟利益通過所生產的產品或其他資產實現的，其攤銷金額應當計入相關資產的成本。

會計業務處理模板如下：

借：管理費用
　　其他業務成本等科目
　　貸：累計攤銷

例 7-7：

甲公司於 2016 年 1 月 1 日以銀行存款 600 萬元購入一項專利權。該項無形資產的預計使用年限為 10 年，該企業按直線法攤銷無形資產。請計算 2016 年的攤銷金額，並編製會計分錄。

每年攤銷金額 = 600÷10 = 60（萬元）

借：管理費用——無形資產攤銷　　　　　　　　　　　600,000
　　貸：累計攤銷　　　　　　　　　　　　　　　　　　600,000

三、無形資產的處置和報廢

無形資產的處置是指無形資產對外出租、出售、對外捐贈，或者是無法為企業帶來經濟利益時，應予轉銷並終止確認。

（一）轉讓無形資產所有權（即無形資產的出售）

企業出售無形資產，表明企業放棄該無形資產的所有權，應當將取得的價款與該無形資產帳面價值的差額作為資產處置的利得或損失，計入當期損益。

會計業務處理模板如下：

借：銀行存款
　　累計攤銷
　　無形資產減值準備
　　營業外支出
　　貸：無形資產
　　　　銀行存款
　　　　應交稅費——應交增值稅——銷項稅額
　　　　營業外收入

例 7-8：

甲公司將其擁有的一項專利權的所有權出售，取得不含增值稅的收入 100 萬元，增值稅稅率為 6%。該專利權的帳面餘額為 60 萬元，已經計提的減值準備為 5 萬元，累計攤銷額為 10 萬元。請編製相應會計分錄。

借：銀行存款	1,060,000
累計攤銷	100,000
無形資產減值準備	50,000
貸：無形資產——專利權	600,000
應交稅費——應交增值稅——銷項稅額	60,000
營業外收入——處置非流動資產利得	550,000

（二）轉讓無形資產使用權（即無形資產的出租）

無形資產出租是指企業將所擁有的無形資產的使用權讓渡給他人，並收取租金。租金收入應按合同或協議規定計算確定，同時應確認無形資產出租的相關費用，以符合收入與費用相配比原則。

會計業務處理模板如下：

1. 出租無形資產，取得租金收入時

借：銀行存款
　　庫存現金
　　應收帳款
　　貸：其他業務收入
　　　　應交稅費——應交增值稅——銷項稅額

2. 攤銷出租無形資產的成本並發生與轉讓有關的各種費用支出時
借：其他業務成本等科目
　　貸：累計攤銷
　　　　銀行存款等科目

例 7-9：

2016 年 1 月 1 日，乙公司將一項專利技術出租給 A 企業使用，該專利技術帳面餘額為 800 萬元，攤銷期限為 10 年，出租合同規定，每年年初收取租金不含增值稅的金額為 100 萬元，增值稅稅率為 6%。請編製相應會計分錄。

（1）取得租金時：

借：銀行存款　　　　　　　　　　　　　　　　　　　　　1,060,000
　　貸：其他業務收入　　　　　　　　　　　　　　　　　　1,000,000
　　　　應交稅費——應交增值稅——銷項稅額　　　　　　　　60,000

（2）按年對該項專利技術進行攤銷：

借：其他業務成本　　　　　　　　　　　　　　　　　　　　800,000
　　貸：累計攤銷　　　　　　　　　　　　　　　　　　　　800,000

（三）無形資產的報廢

如果無形資產預期不能為企業帶來未來經濟利益，應將其報廢並予以轉銷，其帳面價值轉作當期損益。企業在判斷無形資產是否預期不能為企業帶來經濟利益時，應根據以下跡象加以判斷：

第一，該無形資產是否已被其他新技術等替代，並且已不能為企業帶來經濟利益。

第二，該無形資產是否不再受法律的保護，並且不能給企業帶來經濟利益。

會計業務處理模板如下：

借：累計攤銷
　　無形資產減值準備
　　營業外支出——處置非流動資產損失
　　貸：無形資產

例 7-10：

丁公司擁有一項專利技術，根據市場調查，用其生產的產品已沒有市場，決定應予轉銷。轉銷時，該項專利技術的帳面餘額為 1,000 萬元，攤銷期限為 10 年，已累計攤銷 700 萬元，已計提的減值準備為 200 萬元，該項專利權的殘值為零，採用直線法進行攤銷，假定不考慮其他相關因素。請編製相應會計分錄。

借：累計攤銷　　　　　　　　　　　　　　　　　　　　　7,000,000
　　無形資產減值準備　　　　　　　　　　　　　　　　　2,000,000
　　營業外支出——處置非流動資產損失　　　　　　　　　1,000,000
　　貸：無形資產——專利權　　　　　　　　　　　　　　10,000,000

第八章　借款費用

【本章學習重點】

(1) 借款費用的定義及範圍；
(2) 借款費用開始資本化的時點；
(3) 借款費用暫停資本化的時間；
(4) 借款費用資本化金額的確定；
(5) 借款費用資本化的會計核算。

第一節　借款費用的定義及範圍

一、借款費用

借款費用是因借入資金所付出的代價，包括借款利息、折價或溢價攤銷、輔助費用以及因外幣借款而發生的匯兌差額等。借款輔助費用包括手續費、佣金、印刷費等費用。

借款費用資本化原則是企業發生的借款費用可直接歸屬於符合資本化條件的資產的購建或者生產的，應計入相關資產成本，應當給予資本化；其他借款費用應當在發生時根據發生額確認為費用，計入當期損益。

企業借款包括專門借款和一般借款兩類，專門借款是為購建或生產符合資本化條件的資產而專門借入的款項。例如，廣州某公司為了建造一幢廠房從中國工商銀行借款 5,000 萬元，這類借款就是屬於專門借款，具有明確用途。

一般性借款是相對於專門借款而言的，在借入時通常沒有特指用於符合資本化條件的資產的購建或生產。

符合資本化條件的資產是指經過相當長時間的購建或生產活動才能達到預定可使用或可銷售狀態的固定資產、投資性房地產和存貨等資產。

符合資本化條件的存貨主要是房地產企業開發的用於對外出售的房地產開發產品、企業製造的用於對外出售的大型機械設備等。

在會計實務中，如果人為或故意等非正常因素導致資產的購建或生產時間相當長的，該資產不屬於符合資本化條件的資產。購入時即可使用的資產，或者購入後需要安裝但安裝所需安裝時間較短的資產，或者需要建造或生產但所需要的建造或生產時間較短的資產，均不屬於符合資本化條件的資產。

二、借款費用開始資本化的時點

（一）資產支出已經發生

這是指發生了支付現金、轉移非現金資產或承擔帶息債務形式所發生的支出。例如，廣州某公司於 2016 年 6 月計劃建造一臺生產設備，計劃建造週期為 3 年，於 2016 年 6 月 15 日支付 2,000,000 元用購建該生產設備的某種材料的採購。又如，廣州某公司於 2016 年 6 月計劃建造一臺生產設備，計劃建造週期為 3 年，於 2016 年 6 月 15 日將本公司生產的某種產品 500,000 元出庫用於該生產設備的建造，並且已經辦妥了出庫手續。

（二）借款費用已經發生

這是指發生了因購建或者生產符合資本化條件的資產而專門借入款項的借款費用或者所占的一般借款的借款費用。例如，廣州某公司於 2016 年 6 月計劃建造一臺生產設備，計劃建造週期為 3 年，於 2016 年 6 月 15 日向中國建設銀行廣州分行借款 5,000,000 元，借款已經到帳。從 6 月 15 日開始，該公司就要開始承擔銀行借款利息。

（三）為使資產達到預定可使用或可銷售狀態所必要的購建或生產活動已經開始

這種情況不包括僅僅持有資產卻沒有發生為改變資產形態而進行實質上的建造或生產活動。例如，廣州某公司於 2016 年 6 月計劃建造一臺生產設備，計劃建造週期為 3 年，於 2016 年 6 月 15 日向中國建設銀行廣州分行借款 5,000,000 元，借款已經到帳，同時組織有關工程技術人員開始了建造生產設備的具體工作。若取得了銀行借款，而沒有進行具體的建造活動，該項資產的購建活動並沒有開始。

【特別提示】

借款費用開始資本化的三個條件應當同時具備，不能說具備了其中一項條件或兩項條件，就開始借款費用資本化，這是不正確的。

三、借款費用暫停資本化的時間

在購建或生產過程中發生非正常中斷且中斷時間連續超過 3 個月的，應當暫停借款費用的資本化。

非正常中斷是企業管理決策或其他不可預見的原因等所導致的中斷。例如，企業與施工方發生了質量糾紛；工程、生產用料沒有及時供應；資金週轉發生了困難；施工、生產發生了安全事故；發生與資產購建、生產有關的勞動糾紛；等等。

正常中斷是指因購建或生產符合資本化條件的資產達到預定可使用或可銷售狀態所必要的程序或事先可預見的不可抗力因素導致的中斷。

例如，廣州某公司為了建造一臺生產設備，建造到了一定階段後，該工程必須暫停，由當地質量技術監督部門進行質量或安全檢查，這屬於正常中斷。由於不可預見的不可抗力因素導致施工出現停頓，也屬於正常中斷。

四、借款費用停止資本化的時點

第一，符合資本化條件的資產實體建造或生產工作已經全部完工或實質上已經完工。

第二，所購建或生產符合條件的資產與設計要求、合同規定或生產要求相符或者基本相符，即使個別與設計、合同或生產要求不相符，也不影響其正常使用。

第三，繼續發生在所購建或生產的符合資本化條件的資產上的支出金額很少或者幾乎不再發生。

五、借款費用資本化金額的確定

第一，為購建或生產符合資本化條件的資產而借入專門借款的，應當以專門借款當期實際發生的利息費用減去尚未動用借款資金存入銀行取得的利息收入或進行暫時投資取得的投資收益後的金額確定。

第二，為購建或生產符合資本化條件的資產而占用了一般性借款的，企業應當根據累計資產支出超出專門借款部分的資產支出加權平均數乘以所占用的一般借款的資本化率，計算確定一般借款應予資本化的利息金額。資本化利率應當根據一般借款加權平均利率計算確定。

第三，每一會計期間的利息資本化金額，不應當超過當期相關借款實際發生的利息金額。

第二節　專門借款的會計核算

專門借款的會計核算的相關計算公式如下：

當年利息總額＝專門借款本金×專門借款年利率×當年貸款實際時間÷12

當年利息收入或投資收益額＝短期投資金額(專門借款帳戶存款金額)×年投資收益率(或存款利率)

資本化金額＝當年利息總額－當年利息收入或投資收益額

例 8-1：

廣州某公司於 2015 年 1 月 1 日正式動工興建一幢辦公樓，工期預計為 2 年，工程採用出包方式，分別於 2015 年 1 月 1 日、2015 年 7 月 1 日、2016 年 1 月 1 日和 2016 年 7 月 1 日支付工程款。該公司為此於 2015 年 1 月 1 日專門借款 2,500 萬元，借款期限為 3 年，年利率為 6%。另外，該公司又於 2015 年 7 月 1 日專門借款 5,000 萬元，借款期限為 5 年，年利率為 7%，借款利息按年支付。閒置的借款資金均用於固定收益債券短期投資，該短期投資月收益為 0.4%。

該公司為建造辦公大樓發生的支出如表 8-1 所示。

表 8-1　　　　　　　　該公司為建造辦公大樓發生的支出　　　　　　　　單位：萬元

日期	每期支出金額	累計支出金額	短期投資金額
2015.01.01	2,000	2,000	500
2015.07.01	2,500	4,500	3,000
2016.01.01	1,500	6,000	1,500
2016.07.01	1,500	7,500	0
總計	7,500		5,000

請進行計算，並編製相應會計分錄。

2015 年專門借款利息金額 = 2,500×6% + 5,000×7%×6÷12 = 325（萬元）

2016 年專門借款發生的利息金額 = 2,500×6% + 5,000×7% = 500（萬元）

2015 年短期投資收益 = 500×0.4%×6 + 3,000×0.4%×6 = 84（萬元）

2016 年短期投資收益 = 1,500×0.4%×6 = 36（萬元）

2015 年資本化金額 325 − 84 = 241（萬元）

2016 年資本化金額 500 − 36 = 464（萬元）

2015 年 12 月 31 日帳務處理如下：

借：在建工程　　　　　　　　　　　　　　　　2,410,000
　　應收利息或銀行存款　　　　　　　　　　　　840,000
　貸：應付利息　　　　　　　　　　　　　　　　3,250,000

2016 年 12 月 31 日帳務處理如下：

借：在建工程　　　　　　　　　　　　　　　　4,640,000
　　應收利息或銀行存款　　　　　　　　　　　　360,000
　貸：應付利息　　　　　　　　　　　　　　　　5,000,000

例 8-2：

廣州某公司於 2015 年 1 月 1 日正式動工興建一幢辦公樓，工期預計為 2 年，工程採用出包方式，分別於 2015 年 1 月 1 日、2015 年 7 月 1 日、2016 年 1 月 1 日和 2016 年 7 月 1 日支付工程款。假定該公司建造辦公樓沒有專門借款，占用的都是一般性借款。

該公司向銀行貸款 3,000 萬元，期限為 2015 年 1 月 1 日至 2018 年 12 月 31 日，年利率為 6%，按年付息。

該公司發行公司債券 4,500 萬元，2015 年 1 月 1 日發行，期限為 4 年，年利率為 8%，按年付息。

該公司為建造辦公大樓發生的支出如表 8-2 所示：

表 8-2　　　　　　　　該公司為建造辦公大樓發生的支出　　　　　　　　單位：萬元

日期	每期支出金額	累計支出金額
2015.01.01	2,000	2,000
2015.07.01	2,500	4,500

表8-2(續)

日期	每期支出金額	累計支出金額
2016.01.01	1,500	6,000
2016.07.01	1,500	7,500
總計		7,500

請進行計算,並編製相應會計分錄。

資產年支出加權平均數＝每期支出金額×當年使用月份÷12

一般性借款利率＝(3,000×6%＋4,500×8%)÷(3,000＋4,500)＝7.2%

計算累計資產支出加權平均數如下:

2015年累計資產支出加權平均數＝2,000×12÷12＋2,500×6÷12＝3,250(萬元)

2016年累計資產支出加權平均數＝6,000×12÷12＋1,500×6÷12＝6,750(萬元)

2015年利息資本化金額＝3,250×7.2%＝234(萬元)

2015年實際發生一般借款利息金額＝3,000×6%＋4,500×8%＝540(萬元)

2016年利息資本化金額＝6,750×7.2%＝486(萬元)

2016年實際發生一般借款利息金額＝3,000×6%＋4,500×8%＝540(萬元)

2015年12月31日會計處理如下:

借:在建工程　　　　　　　　　　　　　　　　　2,340,000
　　財務費用　　　　　　　　　　　　　　　　　3,060,000
　貸:應付利息　　　　　　　　　　　　　　　　　5,400,000

2016年12月31日會計處理如下:

借:在建工程　　　　　　　　　　　　　　　　　4,860,000
　　財務費用　　　　　　　　　　　　　　　　　　540,000
　貸:應付利息　　　　　　　　　　　　　　　　　5,400,000

第三節　借款輔助費用資本化金額的確定

輔助費用是企業為了借款而發生的必要費用,包括借款手續費、佣金等,對於企業來講,若不發生這些費用,可能無法取得借款,因此可以這樣講,借款輔助費用是企業發生借款時不可或缺的費用,是借款費用的有機組成部分。

對於企業發生的專門借款輔助費用,在所購建或者生產的符合資本化條件的資產達到預定可使用狀態或者可銷售狀態之前發生的,應當在發生時根據其發生金額予以資本化;在所購建或者生產的符合資本化條件的資產達到預定可使用或者可銷售狀態之後發生的,應當在發生時根據其發生金額確認為當期費用,計入當期損益。

第九章　負債

【本章學習重點】

(1) 短期借款的會計核算；
(2) 應交稅費的會計核算；
(3) 應付職工薪酬的會計核算；
(4) 應付及預付款項的會計核算；
(5) 長期借款的會計核算；
(6) 應付債券的會計核算；
(7) 長期應付款的會計核算。

第一節　流動負債的核算

一、負債的分類

負債分為流動負債和非流動負債兩類，流動負債主要包括短期借款、應交稅費、應付職工薪酬、應付帳款、應付票據、預收帳款等。非流動負債主要包括長期借款、應付債券、長期應付款等。

二、流動負債

(一) 短期借款的會計核算

借款按照借款期限的長短分為短期借款和長期借款兩類。

短期借款是企業向銀行等金融機構或非金融機構借款的時間在一年（包含一年）以內的借款。

長期借款是企業向銀行等金融機構或非金融機構借款的時間在一年以上的借款。

1. 會計帳戶的設置

(1)「短期借款」帳戶。該帳戶屬於負債類帳戶，借入款項的本金放在帳戶的貸方進行核算，償還借入款項的本金放在帳戶的借方進行核算。

(2)「應付利息」帳戶。該帳戶屬於負債類帳戶，根據借款本金及利率計算出的應於將來支付的利息計入帳戶的貸方，將來支付後計入帳戶的借方。

(3)「財務費用」帳戶。該帳戶屬於損益類帳戶，借方反應應計入的借款的利息及

銀行手續費的增加額，貸方反應應計入的借款的利息及銀行手續費的減少額。

2. 會計業務處理模板

（1）借款發生時：

借：銀行存款

　　貸：短期借款

（2）計提利息時：

借：財務費用

　　貸：應付利息

（3）償還借款本金及利息時：

借：短期借款

　　應付利息

　　貸：銀行存款

例 9-1：

某公司因生產經營需要，於 2016 年 3 月 5 日從工商銀行廣州分行借款 500,000 元，利率為 6%，借款期限為 3 個月，3 個月后按期償還借款本金及利息。請編製相應會計分錄。

（1）借款發生時：

借：銀行存款	500,000
貸：短期借款	500,000

（2）計提利息時：

①3 月份計提利息時：

借：財務費用	2,166.67
貸：應付利息	2,166.67

②4 月份計提利息時：

借：財務費用	2,500
貸：應付利息	2,500

③5 月份計提利息時：

借：財務費用	2,500
貸：應付利息	2,500

④6 月份計提利息時：

借：財務費用	333.33
貸：應付利息	333.33

（3）償還借款本金及利息時：

借：短期借款	500,000
應付利息	7,500
貸：銀行存款	507,500

（二）應付及預收款項的會計核算

應付及預收款項主要包括應付帳款、應付票據及預收帳款三個方面內容。

1. 應付帳款的會計核算

「應付帳款」帳戶屬於負債類帳戶，主要用於核算企業購買原材料、庫存商品、週轉材料及接受勞務時既沒有通過銀行付款也沒有支付庫存現金，又沒有開出商業票據而形成的債務。

(1) 若採用實際成本核算，會計業務處理模板如下：

借：原材料
　　　庫存商品
　　　週轉材料
　　　應交稅費——應交增值稅——進項稅額
　貸：應付帳款

例 9-2：

某公司於 2016 年 5 月 3 日購進生產用材料一批，數量為 2,500 個，不含稅的單價為 10 元，取得了增值稅專用發票，增值稅稅率為 17%，材料已經入庫，發票帳單已到，但款項沒有支付。請編製相應會計分錄。

借：原材料　　　　　　　　　　　　　　　　　　　　　　　25,000
　　應交稅費——應交增值稅——進項稅額　　　　　　　　　 4,250
　貸：應付帳款　　　　　　　　　　　　　　　　　　　　　 29,250

(2) 若採用計劃成本核算，會計業務處理模板如下：

借：材料採購
　　　應交稅費——應交增值稅——進項稅額
　貸：應付帳款

例 9-3：

某公司於 2016 年 5 月 3 日購進生產用材料一批，數量為 2,500 個，不含稅的單價為 10 元，取得了增值稅專用發票，增值稅稅率為 17%，計劃成本為 26,000 元，材料已經入庫，發票帳單已到，但款項沒有支付。請編製相應會計分錄。

借：材料採購　　　　　　　　　　　　　　　　　　　　　　25,000
　　應交稅費——應交增值稅——進項稅額　　　　　　　　　 4,250
　貸：應付帳款　　　　　　　　　　　　　　　　　　　　　 29,250

2. 應付票據的會計核算

商業票據按承兌人不同可以分為商業承兌匯票和銀行承兌匯票，按票據是否帶息可以分為帶息的商業票據和無息的商業票據。商業票據的最長有效期是 6 個月。

(1) 到期日的計算。由於商業票據有定日付款和定期付款兩種類型，到期日的計算方法是不同的。

對於定期付款的商業票據，從簽發日日期起開始計算，到下一個月的對應的日期就為一個月，依此類推，比較容易確定到期日。例如，某公司因採購一批商品，於 2016 年 5 月 6 日簽發了一張為期 3 個月的商業承兌匯票，則到 6 月 6 日為一個月，到 7 月 6 日為兩個月，到 8 月 6 日為三個月。

對於定日付款的商業票據，可以採用「算頭不算尾」或「算尾不算頭」的方式，

按實際經歷的天數進行計算，到期日的最後一天是法定節假日的，要依法進行順延；若將票據開出給異地的債權人，到期日要另外加 3 天；若將票據開出給本地的債權人，到期日不需要另外加 3 天。

例 9-4：

某公司（位於廣州）因採購一批商品，於 2016 年 5 月 6 日簽發了一張為期 95 天的商業承兌匯票給位於上海的供應商。請計算到期日是哪一天。

解析： 若採用「算頭不尾」的方法，原本到期日為 2016 年 8 月 8 日，即 5 月 26 天，加 6 月 30 天，加 7 月 31 天，加 8 月 8 天，由於該供應商位於上海，所以到期日就要另外加上 3 天，即 8 月 11 日。

（2）會計帳戶的設置。「應付票據」帳戶屬於負債類帳戶，該帳戶的貸方反應因採購原材料、庫存商品、週轉材料及接受勞務形成債務而開出的商業票據，借方反應因償還採購原材料、庫存商品、週轉材料及接受勞務形成債務而開出的商業票據。

（3）應付票據會計核算的會計業務處理模板如下：

借：原材料
　　庫存商品
　　週轉材料
　　應交稅費——應交增值稅——進項稅額
　貸：應付票據

例 9-5：

某公司於 2016 年 5 月 3 日購進生產用材料一批，數量為 2,500 個，不含稅的單價為 10 元，取得了增值稅專用發票，增值稅稅率為 17%，材料已經入庫，發票帳單已到，開出為期 3 個月的無息商業承兌票據一張。請編製相應會計分錄。

借：原材料　　　　　　　　　　　　　　　　　　　　　　25,000
　　應交稅費——應交增值稅——進項稅額　　　　　　　　 4,250
　貸：應付票據　　　　　　　　　　　　　　　　　　　　29,250

例 9-6：

某公司於 2016 年 5 月 1 日購進生產用材料一批，數量為 2,500 個，不含稅的單價為 10 元，取得了增值稅專用發票，增值稅稅率為 17%，材料已經入庫，發票帳單已到，開出為期 2 個月的帶息商業承兌票據一張，利率為 6%。2 個月後該款項以銀行存款支付。請編製相應會計分錄。

借：原材料　　　　　　　　　　　　　　　　　　　　　　25,000
　　應交稅費——應交增值稅——進項稅額　　　　　　　　 4,250
　貸：應付票據　　　　　　　　　　　　　　　　　　　　29,250

計提 5 月利息時：

借：財務費用　　　　　　　　　　　　　　　　　　　　　146.25
　貸：應付票據　　　　　　　　　　　　　　　　　　　　146.25

計提 6 月利息時：

借：財務費用　　　　　　　　　　　　　　　　　　　　　146.25
　貸：應付票據　　　　　　　　　　　　　　　　　　　　146.25

償還到期的商業票據時：
借：應付票據 29,542.5
　　貸：銀行存款 29,542.5

3. 預收帳款的會計核算

「預收帳款」帳戶屬於負債類帳戶，該帳戶的貸方反應因銷售等行為預收客戶的金額，借方反應因提供商品或勞務而減少的債務金額。

會計業務處理模板如下：

(1) 預收款項時：

借：銀行存款
　　庫存現金
　　貸：預收帳款

(2) 提供商品或勞務時：

借：預收帳款
　　貸：主營業務收入
　　　　其他業務收入
　　　　應交稅費——應交增值稅——銷項稅額

【特別提示】

若提供商品或勞務金額超過已經預收的金額，差額的部分金額仍然通過「預收帳款」帳戶進行會計處理。

會計業務處理模板如下：

借：銀行存款
　　庫存現金
　　貸：預收帳款

例 9-7：

某公司於2016年5月16日同甲公司簽訂了一份銷售合同，銷售A產品給甲公司，不含稅單價為50元，銷售數量為200個，增值稅稅率為17%，當日以現金方式預收款項5,000元，5月20日按合同規定向甲公司銷售了全部產品，剩餘款項通過銀行全部收到。請編製相應會計分錄。

(1) 預收款項時：

借：庫存現金 5,000
　　貸：預收帳款 5,000

(2) 提供商品或勞務時：

借：預收帳款 11,700
　　貸：主營業務收入 10,000
　　　　應交稅費——應交增值稅——銷項稅額 1,700

(3) 收到差額款項時：

借：銀行存款 6,700
　　貸：預收帳款 6,700

(三) 應交稅費的會計核算

應交稅費的內容主要包括增值稅、消費稅、資源稅、房產稅、城市維護建設稅、土地使用稅、車船使用稅、印花稅、企業所得稅、個人所得稅等。

1. 應交增值稅的會計核算

（1）增值稅的徵稅範圍及稅率。增值稅徵稅範圍及稅率表如表9-1所示。

表9-1　　　　　　　　　　最新增值稅徵稅範圍及稅率表

納稅人	應稅行為		具體範圍	增值稅稅率
小規模納稅人	從事貨物銷售、提供加工修理修配勞、「營改增」的各項勞務			3%
一般納稅人	銷售或進口貨物（另有列舉的貨物除外）、提供加工修理修配勞務			17%
^	糧食、食用植物油、鮮奶			13%
^	自來水、暖氣、冷氣、熱氣、煤氣、石油液化氣、天然氣、沼氣、居民用煤炭製品			^
^	圖書、報紙、雜誌			^
^	飼料、化肥、農藥、農機（整機）、農膜			^
^	國務院批准的其他貨物			^
^	農產品（指各種動、植物初級產品）、音像製品、電子出版物、二甲醚、食用鹽			^
^	交通運輸服務	陸路運輸服務	鐵路運輸服務、其他陸路運輸服務	11%
^	^	水路運輸服務	程租業務、期租業務	^
^	^	航空運輸服務	航空運輸的濕租業務	^
^	^	管道運輸服務	無運輸工具承運業務	^
^	郵政服務	郵政普遍服務	函件、包裹	11%
^	^	郵政特殊服務	郵政特殊服務	^
^	^	其他郵政服務	郵冊等郵品銷售、郵政代理等業務活動	^
^	電信服務	基礎電信服務	基礎電信服務	11%
^	^	增值電信服務	增值電信服務	6%
^	建築服務	工程服務	工程服務	11%
^	^	安裝服務	安裝服務	^
^	^	修繕服務	修繕服務	^
^	^	裝飾服務	裝飾服務	^
^	^	其他建築服務	其他建築服務	^
^	金融服務	貸款		6%
^	^	直接收費金融服務		^
^	^	保險服務	人身保險服務、財產保險服務	^
^	^	金融商品轉讓	金融商品轉讓、其他金融商品轉讓	^

表9-1(續)

納稅人	應稅行為		具體範圍	增值稅稅率
一般納稅人	研發和技術服務	研發服務		6%
		合同能源管理服務		
		工程勘察勘探服務		
		專業技術服務		
	信息技術服務	軟件服務		6%
		電腦設計及測試服務		
		信息系統服務		
		業務流程管理服務		
		信息系統增值服務		
	文化創意服務	設計服務		6%
		知識產權服務		
		廣告服務		
		會議展覽服務		
	物流輔助服務	航空服務	航空地面服務、通用航空服務	6%
		港口碼頭服務		
		貨運客運站服務		
		打撈救助服務		
		裝卸搬運服務		
		倉儲服務		
		收件服務	收件服務、分揀服務、派送服務	
	租賃服務	融資租賃服務	有形動產融資租賃服務	17%
			不動產融資租賃服務	11%
		經營租賃服務	有形動產經營租賃服務	17%
			不動產經營租賃服務	11%
	鑒證諮詢服務	認證服務		6%
		鑒證服務		
		諮詢服務		
	廣播影視服務	廣播影視節目（作品）製作服務		6%
		廣播影視節目（作品）發行服務		
		廣播影視節目（作品）播映服務		
	商務輔助服務	企業管理服務		6%
		經紀代理服務	貨物運輸代理服務、代理報關服務	
		人力資源服務		
		安全保護服務		

表9-1(續)

納稅人	應稅行為		具體範圍	增值稅稅率
一般納稅人	其他現代服務	其他現代服務		6%
	生活服務	文化體育服務	文化服務、體育服務	6%
		教育醫療服務	教育服務、醫療服務	
		旅遊娛樂服務	旅遊服務、娛樂服務	
		餐飲住宿服務	餐飲服務、住宿服務	
		居民日常服務		
		其他生活服務		
	銷售無形資產	技術	專利技術、非專利技術	6%
		商標		
		商譽		
		著作權		
		其他權益性無形資產		
		自然資源使用權	海域使用權、探礦權、採礦權、取水權、土地使用權、其他自然資源使用權	
	銷售不動產	建築物		11%
		構築物		11%
小規模納稅人銷售自己使用過的固定資產，依照3%減2%徵收。				

增值稅一般納稅人和增值稅小規模納稅人的劃分標準如下：

從事貨物生產或提供應稅勞務的納稅人，年應稅銷售額在50萬元（含50萬元）以上，從事貨物批發或零售的納稅人，年應稅銷售額在80萬元（含80萬元）以上的經有關國家稅務機關批准可以認定為增值稅一般納稅人；反之，從事貨物生產或提供應稅勞務的納稅人，年應稅銷售額在50萬元以下，從事貨物批發或零售的納稅人，年應稅銷售額在80萬元以下的一般是增值稅小規模納稅人。

（2）增值稅發票。增值稅發票可以分為增值稅專用發票和普通發票。

①增值稅專用發票的使用。一般情況下，一個增值稅一般納稅人向另一個增值稅一般納稅人銷售貨物或提供勞務時可以開具增值稅專用發票。

②增值稅普通發票的使用。若一個增值稅一般納稅人向一個增值稅小規模納稅人銷售貨物或提供勞務時只能開具增值稅普通發票。若一個增值稅一般納稅人向另一個增值稅一般納稅人銷售貨物或提供勞務時，若后者可以接受增值稅普通發票時，也可以開具增值稅普通發票。

增值稅小規模納稅人無論是向增值稅小規模納稅人還是向增值稅一般納稅人對外銷售貨物或提供勞務時，只能開具增值稅普通發票。

【特別提示】

第一，若增值稅小規模納稅人向增值稅一般納稅人銷售貨物或提供勞務時，一般納稅人只能接受增值稅專用發票而不能接受增值稅普通發票的情況下，小規模納稅人

只能委託當地國家稅務機關代開增值稅專用發票。

第二，當增值稅小規模納稅人對外銷售貨物或提供勞務時，無論委託國家稅務機關代開的增值稅專用發票還是自己開具的增值稅普通發票，都必須按照國家稅務機關有關的稅率計算當期應負擔的增值稅。

第三，當增值稅一般納稅人對外銷售貨物或提供勞務時，無論是開具的增值稅專用發票還是增值稅普通發票，都必須按照國家稅務機關有關的稅率計算當期應負擔的增值稅銷項稅額。

第四，當增值稅一般納稅人對外購買貨物或勞務時，取得了增值稅專用發票時，可以計算增值稅的進項稅額；當增值稅一般納稅人對外購買貨物或勞務時，取得了增值稅普通發票時，是不能夠抵扣增值稅的進項稅額的，購進貨物或勞務時所支付的進項稅額只能計入有關購進貨物或勞務的成本。

(3) 增值稅一般納稅人增值稅稅額的計算。由於增值稅是一種價外稅，當期應繳納的增值稅需要經過多個步驟計算後才能確定，本期應繳納的增值稅等於本期銷項稅額合計數減去進項稅額合計數。

①一般購進或銷售行為的增值稅稅額的計算公式如下：

不含稅的金額＝含稅的金額÷(1+增值稅稅率)

增值稅銷項(進項)稅額＝不含稅的金額×增值稅稅率

例9-8：

某公司（增值稅一般納稅人）於2016年5月20日銷售F材料一批給上海甲公司，數量為5,000個，含稅銷售單價為2.34元，取得了增值稅專用發票，增值稅稅率為17%，款項還沒有收到。請計算增值稅銷項稅額。

不含稅的銷售額＝11,700÷(1+17%)＝10,000（元）

增值稅銷項稅額＝10,000×17%＝1,700（元）

例9-9：

某公司（增值稅一般納稅人）於2016年6月1日從北京乙公司購進商品一批，購進商品數量為1,000個，含稅的購買單價為5.85元，款項通過銀行已經支付，貨物已經驗收入庫。取得了增值稅專用發票，增值稅稅率為17%。請計算增值稅進項稅額。

不含稅的購買金額＝5,850÷(1+17%)＝5,000（元）

增值稅進項稅額＝5,000×17%＝850（元）

②購進免稅農副產品增值稅稅額的計算公式如下：

購進貨物進項稅額＝購進貨物總金額×13%

購進貨物的成本＝購進貨物總金額-購進貨物進項稅額

例9-10：

某超市（增值稅一般納稅人）從農民手中收購水果一批，為購進該批水果共向農民支付現金62萬元，根據稅法相關規定，已經開具農產品收購業務專用發票，貨物已經驗收入庫。請計算購進貨物增值稅進項稅額和購進貨物的成本。

購進貨物進項稅額＝620,000×13%＝80,600（元）

購進貨物的成本＝620,000-80,600＝539,400（元）

③購進貨物取得增值稅普通發票的稅額的計算。

例 9-11：

某公司（增值稅一般納稅人）於 2016 年 6 月 1 日從北京乙公司購進商品一批，購進商品數量為 1,000 個，含稅的購買單價為 5.85 元，款項通過銀行已經支付，貨物已經驗收入庫。取得了增值稅普通發票，增值稅稅率為 17%。請計算增值稅進項稅額和貨物購買成本。

解析：此時由於該公司沒有取得增值稅專用發票，是不能計算增值稅的進項稅額的，所支付的增值稅稅額全部計入所購買的貨物成本中，即貨物的購買成本為 5,850 元。

（4）增值稅會計科目的設置。為了正確核算企業的增值稅稅額，應當設置「應交稅費——應交增值稅——進項稅額」「應交稅費——應交增值稅——銷項稅額」「應交稅費——應交增值稅——進項稅額轉出」「應交稅費——應交增值稅——出口退稅」「應交稅費——應交增值稅——已交稅金」「應交稅費——應交增值稅——轉出未交增值稅」「應交稅費——應交增值稅——轉出多交增值稅」「應交稅費——應交增值稅——出口抵減內銷產品應納稅額」等多個三級會計科目。

【特別提示】

若沒有進行會計明細科目的三級設置，最終是無法準確核算增值稅的稅額的。

各三級會計科目用途如下：

①「應交稅費——應交增值稅——進項稅額」科目：用於核算購進貨物或接受勞務時取得增值稅專用發票計算的可以抵扣的稅額。

②「應交稅費——應交增值稅——銷項稅額」科目：用於核算銷售貨物或提供勞務的金額計算的稅額。

③「應交稅費——應交增值稅——進項稅額轉出」科目：用於核算由於改變了貨物用途不能從銷項稅額中抵扣的進項稅額。

④「應交稅費——應交增值稅——出口退稅」科目：用於核算由於出口貨物實行免抵退後計算而應當退回企業的稅額。

⑤「應交稅費——應交增值稅——已交稅金」科目：用於核算由於當期銷售行為或提供勞務行為而已經繳納的稅額。

⑥「應交稅費——應交增值稅——出口抵減內銷產品應納稅額」科目：用於核算由於出口貨物應當退還的增值稅進項稅額同國內銷售行為而應繳納的增值稅稅額相抵減的稅額。

⑦「應交稅費——應交增值稅——轉出未交增值稅」科目：用於核算應交增值稅明細帳的貸方大於借方的差額。

⑧「應交稅費——應交增值稅——轉出多交增值稅」科目：用於核算應交增值稅明細帳的貸方小於借方的差額。

（5）增值稅的會計核算。

①增值稅一般納稅人購進業務的會計核算。

第一，若企業對存貨採用實際成本核算，會計業務處理模板如下：

借：原材料
　　庫存商品
　　週轉轉材料
　　應交稅費——應交增值稅——進項稅額
　貸：應付帳款（既沒有開出商業票據，也沒有通過銀行付款）
　　　應付票據（開出商業票據）
　　　銀行存款（通過銀行付款）

例 9-12：

廣州某公司於 2016 年 6 月 10 日購進某種成品 500 個，不含稅單價 80 元，取得了增值稅專用發票，增值稅稅率為 17%，價款通過銀行轉帳支付，貨物已經入庫。請編製相應會計分錄。

借：庫存商品　　　　　　　　　　　　　　　　　　　　40,000
　　應交稅費——應交增值稅——進項稅額　　　　　　　　6,800
　貸：銀行存款　　　　　　　　　　　　　　　　　　　46,800

第二，若企業對存貨採用計劃成本核算，會計業務處理模板如下：

借：材料採購
　　應交稅費——應交增值稅——進項稅額
　貸：應付帳款（既沒有開出商業票據，也沒有通過銀行付款）
　　　應付票據（開出商業票據）
　　　銀行存款（通過銀行付款）

例 9-13：

廣州某公司於 2016 年 6 月 10 日購進某種成品 500 個，不含稅單價 80 元，取得了增值稅專用發票，增值稅稅率為 17%，價款通過銀行轉帳支付，貨物已經入庫。計劃單位成本為 90 元。請編製相應會計分錄。

借：材料採購　　　　　　　　　　　　　　　　　　　　40,000
　　應交稅費——應交增值稅——進項稅額　　　　　　　　6,800
　貸：銀行存款　　　　　　　　　　　　　　　　　　　46,800
借：庫存商品　　　　　　　　　　　　　　　　　　　　45,000
　貸：材料採購　　　　　　　　　　　　　　　　　　　40,000
　　　材料成本差異　　　　　　　　　　　　　　　　　　5,000

第三，若購進時沒有取得增值稅專用發票，所支付的增值稅計入貨物的成本中。

例 9-14：

廣州某公司於 2016 年 6 月 10 日購進某種成品 500 個，含稅單價 80 元，沒有取得增值稅專用發票，增值稅稅率為 17%，價款通過銀行轉帳支付，貨物已經入庫。計劃單位成本為 90 元。請編製相應會計分錄。

借：材料採購　　　　　　　　　　　　　　　　　　　　40,000
　貸：銀行存款　　　　　　　　　　　　　　　　　　　40,000
借：庫存商品　　　　　　　　　　　　　　　　　　　　45,000

貸：材料採購		40,000
材料成本差異		5,000

②增值稅一般納稅人購進免稅農產品的會計核算。

增值稅一般納稅人在向農業生產單位和個人收購其自產的免稅農產品的，可以開具農產品收購業務專用發票，並按規定計算進項稅進行抵扣。增值稅一般納稅人向農業生產單位收購免稅農產品，要根據農業生產單位開具的普通發票填開農產品收購業務專用發票，並把農業生產單位開具的普通發票（發票聯）作為農產品收購業務專用發票的附件。相關計算公式如下：

購進貨物進項稅額＝購進貨物總金額×13%

購進貨物的成本＝購進貨物總金額－購進貨物進項稅額

例 9-15：

某超市（增值稅一般納稅人）從農民手中收購水果一批，為購進該批水果共向農民支付現金 50 萬元，根據稅法相關規定，已經開具農產品收購業務專用發票，貨物已經驗收入庫。請計算購進貨物進項稅額和購進貨物的成本，並編製相應會計分錄。

購進貨物進項稅額＝500,000×13%＝65,000（元）

購進貨物的成本＝500,000－65,000＝435,000（元）

借：庫存商品		435,000
應交稅費——應交增值稅——進項稅額		65,000
貸：庫存現金		500,000

③進項稅額轉出的會計核算。

當納稅人購進的貨物或接受的應稅勞務不是用於增值稅應稅項目而是用於非應稅項目、免稅項目或用於集體福利、個人消費等情況時，其支付的進項稅額就不能從銷項稅項中抵扣。其主要情形如下：

第一，用於建造不動產的購進貨物或者應稅勞務。

例 9-16：

2016 年 5 月 8 日廣州某公司將庫存用於生產產品的鋼材用於建造房屋出售，不含稅的總金額為 1,000,000 元，購進時取得了增值稅專用發票，增值稅稅率為 17%。請編製相應會計分錄。

借：在建工程		1,170,000
貸：原材料		1,000,000
應交稅費——應交增值稅——進項稅額轉出		170,000

第二，用於免稅項目的購進貨物或者應稅勞務。

例 9-17：

2016 年 5 月 8 日廣州某公司將庫存用於生產產品的某種原材料用於生產某種免稅產品，不含稅的總金額為 100,000 元，購進時取得了增值稅專用發票，增值稅稅率為 17%。請編製相應會計分錄。

借：生產成本		117,000
貸：原材料		100,000

應交稅費——應交增值稅——進項稅額轉出　　　　　　　　17,000

　第三，用於集體福利或個人消費的購進貨物或者應稅勞務。
　例 9-18：
　　2016 年 5 月 8 日廣州某公司將庫存用於銷售的某種產品作為福利分發給公司管理部門員工，不含稅的總金額為 100,000 元，購進時取得了增值稅專用發票，增值稅稅率為 17%。請編製相應會計分錄。
　　借：管理費用　　　　　　　　　　　　　　　　117,000
　　　貸：庫存商品　　　　　　　　　　　　　　　　　　100,000
　　　　應交稅費——應交增值稅——進項稅額轉出　　　　17,000

　第四，非正常損失的購進貨物。
　例 9-19：
　　2016 年 5 月 8 日廣州某公司將因管理不善而霉變的原材料列作公司的營業外支出，不含稅的原材料總金額為 100,000 元，購進時取得了增值稅專用發票，增值稅稅率為 17%。請編製相應會計分錄。
　　借：營業外支出　　　　　　　　　　　　　　　117,000
　　　貸：原材料　　　　　　　　　　　　　　　　　　　100,000
　　　　應交稅費——應交增值稅——進項稅額轉出　　　　17,000

　第五，非正常損失的在產品、產成品所耗用的購進貨物或者應稅勞務。
　例 9-20：
　　2016 年 5 月 10 日廣州某公司用購進的某種材料來修理 4 月份因管理不善而損壞的產成品甲，該批材料購進時不含稅的成本為 50,000 元，取得了增值稅專用發票，增值稅稅率為 17%。請編製相應會計分錄。
　　借：營業外支出　　　　　　　　　　　　　　　　58,500
　　　貸：原材料　　　　　　　　　　　　　　　　　　　50,000
　　　　應交稅費——應交增值稅——進項稅額轉出　　　　8,500

　④視同銷售行為的會計核算。
　　視同銷售行為全稱視同銷售貨物行為，是指不同於一般的銷售行為，是一種特殊的銷售行為，只是在稅收的角度為了計稅的需要將其「視同銷售」。
　　目前稅法中將以下八種行為歸入視同銷售行為：
　　第一，將貨物交付他人代銷。
　例 9-21：
　　A 公司與乙公司簽訂了一份委託代銷商品協議，乙公司為 A 公司代銷某種商品 500 個，不含稅代銷價為 100 元，其成本為 90 元。一個月後 A 公司收到乙公司寄來的代銷清單，已將此批產品全部銷售出去。但乙公司最終的不含稅實際銷售單價為 120 元（視同買斷行為）。請編製 A 公司發出商品時的會計分錄。
　　借：應收帳款　　　　　　　　　　　　　　　　　58,500
　　　貸：主營業務收入　　　　　　　　　　　　　　　　50,000
　　　　應交稅費——應交增值稅——銷項稅額　　　　　　8,500

第二，銷售代銷貨物。對於受託方來講，無論是採用視同買斷方式還是採用收取手續費方式進行委託銷售，都必須繳納增值稅，只是繳納增值稅的金額存在差異。

例 9-22：

A 公司與乙公司簽訂了一份委託代銷商品協議，乙公司為 A 公司代銷某種商品 500 個，不含稅代銷價為 100 元，其成本為 90 元。一個月後 A 公司收到乙公司寄來的代銷清單，已將此批產品全部銷售出去。代銷手續費按銷售收入的 1% 計算。款項已通過銀行支付。請編製 A 公司實際銷售商品時的會計分錄。

借：銀行存款　　　　　　　　　　　　　　　　　　58,500
　貸：應付帳款　　　　　　　　　　　　　　　　　　50,000
　　　應交稅費——應交增值稅——銷項稅額　　　　　 8,500

第三，非同一縣（市）將貨物從一個機構移送其他機構用於銷售。

第四，將自產或委託加工的貨物用於非應稅項目。

例 9-23：

2016 年 6 月 12 日廣州某公司將自產的鋼材用於建造商品房出售，不含稅的總金額是 500,000 元，增值稅稅率為 17%，市場上同類貨物計價為 600,000 元。請編製相應會計分錄。

借：在建工程　　　　　　　　　　　　　　　　　　602,000
　貸：庫存商品　　　　　　　　　　　　　　　　　　500,000
　　　應交稅費——應交增值稅——銷項稅額　　　　　102,000

第五，將自產、委託加工或購買貨物作為投資，提供給其他單位或個體經營者。

例 9-24：

2016 年 6 月 12 日廣州某公司將自產的甲產品投入 B 公司，占 B 公司註冊資本的 60%，不含稅的成本總金額是 500,000 元，增值稅稅率為 17%，市場上同類貨物計價為 600,000 元。在此之前，兩個公司不存在任何關聯關係。請編製相應會計分錄。

借：長期股權投資　　　　　　　　　　　　　　　　702,000
　貸：主營業務收入　　　　　　　　　　　　　　　　600,000
　　　應交稅費——應交增值稅——銷項稅額　　　　　102,000

例 9-25：

2016 年 6 月 12 日廣州某公司將自產的甲產品投入 B 公司，占 B 公司註冊資本的 60%，不含稅的成本總金額是 500,000 元，增值稅稅率為 17%。市場上同類貨物計價為 600,000 元。在此之前，兩個公司同時受 D 控制。請編製相應會計分錄。

借：長期股權投資　　　　　　　　　　　　　　　　602,000
　貸：庫存商品　　　　　　　　　　　　　　　　　　500,000
　　　應交稅費——應交增值稅——銷項稅額　　　　　102,000

根據《中華人民共和國增值稅暫行條例》的規定，這類項目被視同銷售，因此需要計算銷項稅額。《中華人民共和國企業所得稅法》也將其視同銷售而要求並入企業應納稅所得額。在會計上此類事項是否作為銷售處理則需要視具體情況而定。根據企業會計準則的規定，如果自產、委託加工貨物用於投資屬於「非同一控制下企業合併」，

或者該項投資活動屬於「企業合併以外的其他方式」，則會計上將此類投資也視同銷售而相應確認銷售收入，並結轉銷售成本，當然也需要按照稅法規定計算銷項稅額。但是，如果相關貨物用於投資而形成「同一控制下企業合併」時，會計上則根據實質重於形式要求，採用「權益結合法」進行確認計量，即按照貨物的原帳面價值轉帳。這其實意味著會計上並沒有將此類事項作為銷售，既不確認銷售收入，也無所謂結轉銷售成本。

第六，將自產、委託加工或購買的貨物分配給股東或投資者。

例 9-26：

2016 年 2 月 12 日廣州某公司將自產的甲產品作為股利分給股東，不含稅的成本總金額是 500,000 元，增值稅稅率為 17%，市場上同類貨物計價為 600,000 元。請編製相應會計分錄。

借：利潤分配　　　　　　　　　　　　　　　　　　702,000
　　貸：主營業務收入　　　　　　　　　　　　　　　600,000
　　　　應交稅費——應交增值稅——銷項稅額　　　　102,000

第七，將自產或委託加工的貨物用於集體福利或個人消費。

例 9-27：

2016 年 6 月 20 日廣州某公司將自產的粽子作為福利分給管理部門員工，不含稅的成本總金額是 50,000 元，增值稅稅率為 17%，市場上同類貨物計價為 60,000 元。請編製相應會計分錄。

借：管理費用　　　　　　　　　　　　　　　　　　70,200
　　貸：主營業務收入　　　　　　　　　　　　　　　60,000
　　　　應交稅費——應交增值稅——銷項稅額　　　　10,200

第八，將自產、委託加工或購買的貨物無償贈送他人。

例 9-28：

2016 年 2 月 12 日廣州某公司將自產的甲產品捐贈給 A 公司，不含稅的總金額是 500,000 元，增值稅稅率為 17%，市場上同類貨物計價為 600,000 元。請編製相應會計分錄。

借：營業外支出　　　　　　　　　　　　　　　　　602,000
　　貸：庫存商品　　　　　　　　　　　　　　　　　500,000
　　　　應交稅費——應交增值稅——銷項稅額　　　　102,000

⑤轉出未交稅金及未交稅金的會計處理。

月份終了，根據應交增值稅明細帳，計算出當期應交的增值稅，若應交增值稅明細帳的餘額在貸方時，會計業務處理模板如下：

借：應交稅費——應交增值稅——轉出未交增值稅
　　貸：應交稅費——未交增值稅

月份終了，根據應交增值稅明細帳，計算出當期應交的增值稅，若應交增值稅明細帳的餘額在借方時，會計業務處理模板如下：

借：應交稅費——未交增值稅
　　貸：應交稅費——應交增值稅——轉出多交增值稅

【特別提示】

下月繳納稅款時，有部分款項是用於繳納本期稅款時，仍通過「應交稅費——應交增值稅——已交稅金」科目核算；有部分款項是用於上期稅款時，通過「應交稅費——未交增值稅」科目核算。

（6）增值稅小規模納稅人的會計核算。對於小規模納稅人來講，在一般情況下，購進貨物時只能取得增值稅普通發票，所支付的增值稅全部計入採購貨物的成本。

例 9-29：

某公司為增值稅小規模納稅人，於 2016 年 6 月購進原材料一批，不含增值稅單價為 15 元，增值稅稅率為 17%，取得了增值稅普通發票，購買的數量為 80 個，款項通過銀行支付，原材料已經入庫。請編製相應會計分錄。

借：原材料　　　　　　　　　　　　　　　　　　　1,404
　　貸：銀行存款　　　　　　　　　　　　　　　　　　1,404

2. 應交消費稅的會計核算

消費稅主要是以生產或銷售卷菸、酒及酒精、化妝品、鞭炮及焰火、成品油、汽車輪胎、摩托車、小汽車等行為產生的流轉額為課稅對象的一種稅種。

不同的徵稅對象有著不同的稅率。

消費稅的計算方法如下：

（1）從量徵稅法，即根據銷售數量徵稅。這種方法主要涉及汽油、柴油、黃酒及啤酒，前兩者以升為單位徵稅，后兩者以千克為單位徵稅。

（2）從價徵稅法，即根據銷售的金額徵稅。這種方法的計算公式如下：

某期應納的消費稅＝應納消費稅金額×稅率

（3）從量與從價複合徵稅法。這種方法主要涉及卷菸、薯類白酒、糧食白酒。對於這類貨物實行雙重徵稅方法，既要按銷售數量徵稅，又要按銷售金額徵稅。

消費稅的會計業務處理模板如下：

借：稅金及附加
　　貸：應交稅費——應交消費稅

例 9-30：

A 公司於 2016 年 7 月 16 日銷售某種卷菸一批，共有 200 標準箱，每條售價 120 元（不含增值稅）。每標準箱的定額稅為 150 元，稅率為 45%。每標準箱有 250 條香菸。請編製相應會計分錄。

借：稅金及附加　　　　　　　　　　　　　　　2,730,000
　　貸：應交稅費——應交消費稅　　　　　　　　2,730,000

按現行稅法有關規定，委託加工的消費品收回後直接對外銷售的，其已經繳納的消費稅直接計入委託加工消費品的成本，不再徵收消費稅。

委託加工的消費品收回後繼續加工的，其已經繳納的消費稅允許從企業應繳納的消費稅額中抵扣。

委託加工后直接出售的會計業務處理模板如下：

(1) 發生的加工費、委託加工的材料成本及發生的消費稅的處理。

借：委託加工物資
　　應交稅費——應交增值稅——進項稅額
　貸：原材料
　　　應付帳款
　　　銀行存款
　　　應付票據

(2) 委託加工完成收回的處理。

借：庫存商品
　　原材料
　貸：委託加工物資

例9-31：

A公司將一批應納消費稅的貨物外發給M公司加工，該批原材料的成本為10萬元，應支付加工費2萬元（不含增值稅），取得增值稅專用發票。所有款項均沒有支付，受託加工企業的增值稅稅率為17%，消費稅稅率為10%，該批產品收回後直接出售。請編製相應會計分錄。

(1) 發生的加工費、委託加工的材料成本及發生的消費稅。

借：委託加工物資　　　　　　　　　　　　　　　　　　133,333.33
　　應交稅費——應交增值稅——進項稅額　　　　　　　3,400
　貸：原材料　　　　　　　　　　　　　　　　　　　　100,000
　　　應付帳款　　　　　　　　　　　　　　　　　　　36,733.33

(2) 委託加工完成收回。

借：庫存商品　　　　　　　　　　　　　　　　　　　　133,333.33
　貸：委託加工物資　　　　　　　　　　　　　　　　　133,333.33

【特別提示】

此處要特別注意應納消費稅稅額的計算過程，具體計算過程如下：

應納的消費稅=(委託加工的材料成本+加工費)÷(1-消費稅稅率)×消費稅稅率

委託加工的消費品收回后繼續加工的會計業務處理模板如下：

(1) 發生的加工費、委託加工的材料成本及發生的消費稅的處理。

借：委託加工物資
　　應交稅費——應交增值稅——進項稅額
　　應交稅費——應交消費稅
　貸：原材料
　　　應付帳款
　　　銀行存款
　　　應付票據

(2) 加工完成收回的處理。

借：原材料
　　　庫存商品
　　貸：委託加工物資

例 9-32：

A 公司將一批應納消費稅的貨物外發給 M 公司加工，該批原材料的成本為 10 萬元，應支付加工費 2 萬元（不含增值稅），所有款項均沒有支付，受託加工企業的增值稅稅率為 17%，消費稅稅率為 10%，該批產品收回後還要繼續加工才能出售。請編製相應會計分錄。

(1) 發生的加工費、委託加工的材料成本及發生的消費稅。

借：委託加工物資　　　　　　　　　　　　　　　　120,000
　　應交稅費——應交增值稅——進項稅額　　　　　　3,400
　　應交稅費——應交消費稅　　　　　　　　　　　 13,333.33
　　貸：原材料　　　　　　　　　　　　　　　　　100,000
　　　　應付帳款　　　　　　　　　　　　　　　　 36,733.33

(2) 加工完成收回。

借：原材料　　　　　　　　　　　　　　　　　　　120,000
　　貸：委託加工物資　　　　　　　　　　　　　　120,000

3. 應交資源稅的會計核算

資源稅是對在中國境內開採礦產品和鹽的單位和個人所徵收的一種稅。

資源稅的計算公式如下：

應納稅額＝課稅數量×單位稅額

開採或者生產應稅產品銷售的，以銷售數量為課稅數量，開採或者生產應稅產品自用的，以自用數量為課稅數量。

收購未稅礦產品代扣代繳的資源稅作為收購礦產品的成本。

外購液體鹽加工成為固體鹽的，所購入液體鹽繳納的資源稅可以抵扣本期應繳納的稅額。

資源稅的會計業務處理模板如下：

借：稅金及附加（對外銷售）
　　　製造費用（車間一般耗用）
　　　生產成本（生產領用）
　　貸：應交稅費——應交資源稅

例 9-33：

A 公司本期對外銷售某種礦產品 2,000 千克，每千克資源稅為 100 元，為生產某種產品本月領用了 500 千克。請編製相應會計分錄。

借：稅金及附加　　　　　　　　　　　　　　　　　200,000
　　生產成本　　　　　　　　　　　　　　　　　　 50,000
　　貸：應交稅費——應交資源稅　　　　　　　　　250,000

4. 應交房產稅、車船使用稅、土地使用稅的會計核算

房產稅是根據房產的原值減去一定數額後所徵收的稅種。稅率分別有 1.2%（房產

價值)、12%(租金收入)、4%(個人)。

土地使用稅是根據所占用土地面積徵收的稅額,不同的地區稅率是不同的。

房產稅、車船使用稅、土地使用稅的會計業務處理模板如下:

借:稅金及附加
　　貸:應交稅費——應交房產稅
　　　　應交稅費——應交車船使用稅
　　　　應交稅費——應交土地使用稅

例9-34:

A公司有一幢經營用房屋,其原值為2,000萬元,按當地稅法規定允許扣減30%後的餘值計稅,適用稅率為1.2%。請編製相應會計分錄。

借:稅金及附加　　　　　　　　　　　　　　　　168,000
　　貸:應交稅費——應交房產稅　　　　　　　　　　168,000

5. 應交印花稅的會計核算

印花稅是對書立、領受、使用等行為徵收稅款的一種稅。其稅款不能通過「應交稅費」科目進行核算,而只能通過「銀行存款」或「庫存現金」等會計科目進行帳務處理。會計業務處理模板如下:

借:稅金及附加
　　貸:銀行存款
　　　　庫存現金

6. 應交城市維護建設稅、教育費附加的會計核算

城市維護建設稅、教育費附加是根據當期應繳納的增值稅、消費稅兩者之和按一定比例計提的稅額。

城市維護建設稅實行差別比例稅率,按照納稅人所在地的不同,稅率分為三個檔次,如表9-2所示:

表9-2　　　　　　　　　　　城市維護建設稅

適用範圍	稅率(%)	計稅依據
市區	7	應繳納的增值稅、消費稅稅額
縣城或鎮	5	應繳納的增值稅、消費稅稅額
不在市區、縣城或鎮	1	應繳納的增值稅、消費稅稅額

計算公式如下:

應交城市維護建設稅=(應繳增值稅+應繳消費稅)×適用稅率

教育費附加的稅率是固定的,全國統一為3%。

計算公式如下:

應交教育費附加=(應繳增值稅+應繳消費稅)×適用稅率

會計業務處理模板如下:

借:稅金及附加

貸：應交稅費——應交城市維護建設稅
　　　　應交稅費——應交教育費附加

例 9-35：

　　廣州某公司 2016 年 6 月應繳納增值稅 300,000 元，消費稅 50,000 元。請計算當期應納的城市維護建設稅及教育費附加，並做出適當的帳務處理。

　　借：稅金及附加　　　　　　　　　　　　　　　　　　　35,000
　　　　貸：應交稅費——應交城市維護建設稅　　　　　　　　24,500
　　　　　　應交稅費——應交教育費附加　　　　　　　　　　10,500

【特別提示】

　　並不是所有稅收的貸方金額都是通過「應交稅費」會計科目進行會計核算的。

(四) 應付職工薪酬的會計核算

　　職工薪酬是企業獲得職工提供的服務給予或付出的各種形式的報酬以及其他相關支出。

　　企業的職工主要由三類人員組成：一是與企業訂立勞動合同的所有人員；二是沒有與企業訂立勞動合同，但由企業正式任命的人員，如董事會成員、監事會成員等；三是在企業的計劃和控制下，雖未與企業簽訂勞動合同或未由企業正式任命，但為其提供與職工類似服務的人員，如通過仲介機構簽訂用工合同，為企業提供與本企業職工類似服務的人員。

　　職工薪酬是企業因職工提供服務而支付的所有對價，主要由以下幾個部分組成：

　　第一，職工工資、獎金、津貼和補貼。津貼主要是指為了補償職工特殊或額外的勞動消耗或其他特殊原因支付給職工的津貼。補貼主要是保證職工工資水平不受物價影響支付給職工的物價補貼等。

　　第二，職工福利費主要是指企業內設醫務室、職工浴室、理髮室、托兒所等集體福利機構人員的工資、醫務經費、職工因公負傷赴外地就醫路費、職工生活困難補助、未實行醫療統籌企業職工醫療費用以及按規定發生的其他職工福利支出。

　　第三，醫療保險費、養老保險費、失業保險費、工傷保險費和生育保險費等社會保險費。

　　第四，住房公積金。

　　第五，工會經費和職工教育經費。工會經費可以按工資總額的 2% 計提，職工教育經費可以按工資總額的 2.5% 計提。

　　第六，非貨幣性福利。這是企業以自己的產品或外購商品發放給職工作為福利，企業將自己擁有的資產或租賃資產提供給職工無償使用等。

　　第七，因解除勞動合同關係而給予的補償。企業在勞動合同到期之前解除與職工的勞動關係，或者為鼓勵職工自願接受裁減而提出補償建議的計劃中給予職工的經濟補償。

　　第八，其他獲得職工提供的服務相關的支出。企業提供給職工以權益形式結算的認股權以及以現金形式結算但以權益工具公允價值為基礎的現金股票增值權等。

1. 貨幣性職工薪酬的會計核算

生產一線人員工資記入「生產成本」帳戶中，車間管理人員工資記入「製造費用」帳戶中，管理部門人員工資記入「管理費用」帳戶中，銷售部門人員工資記入「銷售費用」帳戶中，在建工程人員工資記入「在建工程」帳戶中，開發無形資產發生的人員工資記入「研發支出」帳戶中。

會計業務處理模板如下：

(1) 計提當月工資、醫療保險費、住房公積金、工會經費、職工教育經費時：

借：生產成本
　　製造費用
　　管理費用
　　銷售費用
　　在建工程
　　研發支出——資本化支出
　貸：應付職工薪酬——工資
　　　應付職工薪酬——醫療保險費
　　　應付職工薪酬——住房公積金
　　　應付職工薪酬——工會經費
　　　應付職工薪酬——職工教育經費

(2) 代扣代繳個人所得稅時：

借：應付職工薪酬
　貸：應交稅費——應交個人所得稅
借：應交稅費——應交個人所得稅
　貸：銀行存款

(3) 代扣代繳個人應承擔的「五險一金」時：

借：應付職工薪酬
　貸：銀行存款

例 9-36：

根據表 9-3 所示資料，編製相應會計分錄。

表 9-3　　　　　　　　廣州市某公司 2016 年 6 月份工資表　　　　　　　單位：元

部門	姓名	基本工資	職務工資	崗位工資	獎金	交通補貼	誤餐補貼	應發合計	事假扣款	病假扣款	遲到扣款	曠工扣款	代扣水電	代扣五險一金	代扣個稅	扣款合計	實發合計
財務部	李一	2,000	1,000	500	600	400	200	4,700	150					860	5.7	1,015.7	3,684.3
	李二	1,800	800	300	200	400	200	3,700		300				420		720	2,980
小計								8,400	150	300				1,280	5.7	1,735.7	6,664.3
採購部	張一	2,500	600	200	300	400	200	4,200			200			460	1.2	661.2	3,538.8
	張二	2,000	500	150	200	400	200	3,450	200					540		740	2,710
小計								7,650	200		200			1,000	1.2	1,401.2	6,248.8

表9-3(續)

部門	姓名	基本工資	職務工資	崗位工資	獎金	交通補貼	誤餐補貼	應發合計	事假扣款	病假扣款	遲到扣款	曠工扣款	代扣水電	代扣五險一金	代扣個稅	扣款合計	實發合計
人事部	王一	3,000	700	300	500	400	200	5,100						560	31.2	591.2	4,508.8
	王二	2,600	500	120	240	400	200	4,060		600				340		940	3,120
	王三	2,800	400	100	100	400	200	4,000						300	6	306	3,694
小計								13,160		600				1,200	37.2	1,837.2	11,322.8
工程開發部	萬一	3,000	500	400	300	400	200	4,800						520	23.4	543.4	4,256.6
	萬二	3,500	500	350	400	400	200	5,350						360	44	404	4,946
小計								10,150						880	67.4	947.4	9,202.6
車間辦公室	陳一	3,000	600	300	400	400	200	4,900		250				450	21	721	4,179
	陳二	3,500	550	250	60	400	200	4,960	320					350	23.7	693.7	4,266.3
小計								9,860	320	250				800	44.7	1,414.7	8,445.3
車間生產線	董一	2,500	200	150	100	400	200	3,550				200		400		600	2,950
	董二	2,500	200	150	100	400	200	3,550						400		400	3,150
小計								7,100				200		800		1,000	6,100
銷售部	湯一	2,000	200	300	0	400	200	3,100		700				350		1,050	2,050
	湯二	2,000	200	300	0	400	200	3,100						350		350	2,750
小計								6,200		700				700		1,400	4,800
總計								62,520	670	1,850		400		6,660	156.2	9,736.2	52,783.8

製表：　　　　　　審核：　　　　　　總經理：

(1) 計提當月工資時：

借：生產成本　　　　　　　　　　　　　　　　6,900
　　製造費用　　　　　　　　　　　　　　　　9,290
　　管理費用　　　　　　　　　　　　　　　　37,910
　　銷售費用　　　　　　　　　　　　　　　　5,500
　　貸：應付職工薪酬——工資　　　　　　　　59,600

(2) 代扣代繳個人所得稅時：

借：應付職工薪酬　　　　　　　　　　　　　　156.2
　　貸：應交稅費——應交個人所得稅　　　　　156.2
借：應交稅費——應交個人所得稅　　　　　　　156.2
　　貸：銀行存款　　　　　　　　　　　　　　156.2

(3) 代扣「五險一金」時：

借：應付職工薪酬　　　　　　　　　　　　　　6,660
　　貸：銀行存款　　　　　　　　　　　　　　6,660

【特別提示】

為了正確地計提工資，務必認真審閱工資表各欄之間的數據關係。

2. 非貨幣性職工薪酬的核算

(1) 企業因解除與職工的勞動合同關係而給予職工一次性補償時會計業務處理模板如下：

①根據補償額計提時：

借：管理費用
　　貸：應付職工薪酬

②支付時：

借：應付職工薪酬
　　貸：銀行存款

例 9-37：

廣州某公司因對公司生產經營政策進行調整，決定裁減一部分員工，根據國家勞動法律法規相關規定，決定對這一部分被裁減的員工進行一次性補償，補償金額為 258,000 元，並以銀行存款支付。請編製相應會計分錄。

(1) 根據補償額計提時：

借：管理費用　　　　　　　　　　　　　　　258,000
　　貸：應付職工薪酬　　　　　　　　　　　　　　258,000

(2) 支付時：

借：應付職工薪酬　　　　　　　　　　　　　258,000
　　貸：銀行存款　　　　　　　　　　　　　　　　258,000

(2) 以自產產品或外購商品作為福利發放給公司員工。

企業以自產的產品作為非貨幣性福利發放給職工的，應當按照該產品的公允價值確認為主營業務收入，依據該產品的公允價值計算應繳納的稅費，並將主營業務收入和相關稅費的金額計入應付職工薪酬總額中，其銷售成本的結轉和相關稅費的處理與正常商品銷售相同。

以外購商品作為非貨幣性福利提供給職工的，應當按照該產品的公允價值確認為主營業務收入，並依據該產品的公允價值計算應繳納的稅費，將主營業務收入和相關稅費的金額計入應付職工薪酬總額中。

需要強調的是，在以自產或外購商品發給職工作為福利的情況下，企業應當先通過「應付職工薪酬」帳戶歸集當期應計入成本費用的非貨幣性薪酬金額。

會計業務處理模板如下：

①歸集福利費用時：

借：生產成本
　　　製造費用
　　　管理費用
　　　銷售費用
　　　在建工程
　　貸：應付職工薪酬

②發放相關福利物品時：
借：應付職工薪酬
　　貸：主營業務收入
　　　　應交稅費——應交增值稅——銷項稅額

例9-38：

廣州市某食品公司於2016年9月6日將自產的月餅作為中秋節福利發放給本公司員工（見表9-4），每盒月餅不含稅的銷售價格為80元，增值稅稅率為17%，每盒月餅的生產成本為50元。請編製相應會計分錄。

表9-4　　　　　　　　　　中秋節月餅發放匯總表

部門	數量（盒）	單價（元）	總額（元）	含稅總額(元)	簽字
財務部	5	80	400	468	
人力資源部	2	80	160	187.2	
車間辦公室	6	80	480	561.6	
車間生產線	40	80	3,200	3,744	
銷售部	10	80	800	936	
合計	63		5,040	5,896.8	

製表：　　　　　　　　　　審核：

（1）歸集福利費用時：
借：生產成本　　　　　　　　　　　　　　　　　3,744
　　製造費用　　　　　　　　　　　　　　　　　561.6
　　管理費用　　　　　　　　　　　　　　　　　655.2
　　銷售費用　　　　　　　　　　　　　　　　　936
　　貸：應付職工薪酬　　　　　　　　　　　　　5,896.8
（2）發放相關福利物品時：
借：應付職工薪酬　　　　　　　　　　　　　　　5,896.8
　　貸：主營業務收入　　　　　　　　　　　　　5,040
　　　　應交稅費——應交增值稅——銷項稅額　　856.8

（3）將自己擁有的房產無償提供給公司員工使用或把租賃的房產無償提供給公司員工使用。

將自己擁有的房產無償提供給公司員工使用或把租賃的房產無償提供給公司員工使用時，應當根據受益對象計入相關資產成本或當期損益中。管理部門人員使用時記入「管理費用」帳戶，車間一線工人使用時記入「生產成本」帳戶，車間管理人員使用時記入「製造費用」帳戶，銷售部門人員使用時記入「銷售費用」帳戶，在建工程部門人員使用時記入「在建工程」帳戶。

會計業務處理模板如下：

①歸集福利費用時：
借：生產成本
　　製造費用
　　管理費用
　　銷售費用
　　在建工程
　貸：應付職工薪酬
②計提折舊或支付房租時：
借：應付職工薪酬
　貸：累計折舊
　　　其他應付款
　　　銀行存款

例 9-39：

廣州某公司將工廠一幢房屋提供給公司員工無償使用（見表 9-5），該幢房屋每月應當計提折舊額為 40,000 元。請編製相應會計分錄。

表 9-5　　　　　　　　　　房屋折舊明細分配表　　　　　　　　　　單位：元

使用部門	分配折舊金額	簽字
財務部	1,000	
銷售部	4,000	
車間辦公室	5,000	
車間生產線	30,000	
合計	40,000	

製表：　　　　　　　　　　審核：

(1) 歸集福利費用時：

借：生產成本	30,000
製造費用	5,000
管理費用	1,000
銷售費用	4,000
貸：應付職工薪酬	40,000

(2) 計提折舊或支付房租時：

借：應付職工薪酬	40,000
貸：累計折舊	40,000

第二節　非流動負債的核算

一、長期借款的會計核算

長期借款是指企業從銀行借入的期限在一年（不含一年）以上的款項。根據借款費用資本化原則，借款所產生的借款利息費用有些是需要計入在建工程成本中的，有些是需要計入財務費用中的。

會計業務處理模板如下：

(1) 從銀行獲得借款時：
借：銀行存款
　貸：長期借款

(2) 計提利息時：
借：財務費用
　　在建工程
　貸：應付利息

(3) 償還本息時：
借：應付利息
　　長期借款
　貸：銀行存款

例 9-40：

廣州某公司於 2016 年 6 月 1 日向中國工商銀行廣州分行借入款項 100 萬元，借款期限為 2 年，利率為 8%。該項借入資金主要用於流動資金週轉，利息到期一次性支付。請編製相應會計分錄。

(1) 從銀行獲得借款時：
借：銀行存款　　　　　　　　　　　　　　　　1,000,000
　貸：長期借款　　　　　　　　　　　　　　　　1,000,000

(2) 每月計提利息時：
借：財務費用　　　　　　　　　　　　　　　　　　6,667
　貸：應付利息　　　　　　　　　　　　　　　　　　6,667

(3) 償還本息時：
借：應付利息　　　　　　　　　　　　　　　　　160,000
　　長期借款　　　　　　　　　　　　　　　　1,000,000
　貸：銀行存款　　　　　　　　　　　　　　　1,160,000

二、長期應付款的會計核算

長期應付款是指除長期借款和應付債券以外的各種長期負債，主要包括的內容是應

付融資租賃固定資產的租賃費、以補償貿易方式引進生產設備發生的應付款項。

會計業務處理模板如下:
(1) 引進設備產生長期應付款時:
借: 固定資產
　　應交稅費——應交增值稅——進項稅額
　貸: 長期應付款
(2) 用該項生產設備所生產的產品出口償還引入設備款時:
借: 長期應付款
　貸: 主營業務收入

例 9-41:

廣州市某公司於 2016 年 3 月 10 日同加拿大某公司簽訂引進甲生產設備的協議,由於廣州市某公司資金緊張,經同加拿大公司協商,用該生產設備生產的 A 產品償還引進該生產設備款。該生產設備引進後可以立即投入生產中,廣州市某公司當年共向加拿大公司出口貨物 650 萬元。該項生產設備不含增值稅的價格為 1,000 萬元,海關代徵增值稅稅率為 17%,預計可使用 10 年。請編製相應會計分錄。

(1) 引進設備產生長期應付款時:
借: 固定資產　　　　　　　　　　　　　　　　　　10,000,000
　　應交稅費——應交增值稅——進項稅額　　　　　 1,700,000
　貸: 長期應付款　　　　　　　　　　　　　　　　 11,700,000
(2) 用該項生產設備所生產產品出口償還引入設備款時:
借: 長期應付款　　　　　　　　　　　　　　　　　 6,500,000
　貸: 主營業務收入　　　　　　　　　　　　　　　 6,500,000

三、應付債券的會計核算

根據《中華人民共和國證券法》《中華人民共和國公司法》和《公司債券發行試點辦法》的有關規定,發行公司債券,應當符合下列條件:

第一,股份有限公司的淨資產不低於人民幣 3,000 萬元,有限責任公司的淨資產不低於人民幣 6,000 萬元;本次發行後累計公司債券餘額不超過最近一期期末淨資產額的 40%;金融類公司的累計公司債券餘額按金融企業的有關規定計算。

第二,公司的生產經營符合法律、行政法規和公司章程的規定,募集的資金投向符合國家產業政策。

第三,最近 3 個會計年度實現的年均可分配利潤不少於公司債券 1 年的利息。

第四,債券的利率不超過國務院規定的利率水平。

第五,公司內部控制制度健全,內部控制制度的完整性、合理性、有效性不存在重大缺陷。

公司發行債券時,當市場利率高於票面利率時,會導致債券折價發行;當市場利率等於票面利率時,會導致債券平價發行;當市場利率低於票面利率時,會導致債券溢價發行。

為了正確核算發行債券成本、折價、溢價和利息費用，因此設置「應付債券——面值」科目、「應付債券——折價」科目、「應付債券——溢價」科目、「應付債券——利息調整」科目。

(一) 平價發行的會計核算

會計業務處理模板如下：
1. 發行收到款項時
借：銀行存款
　　貸：應付債券——面值
2. 計提利息費用時
借：在建工程
　　財務費用
　　貸：應付利息
3. 償還本金和利息時
借：應付債券——面值
　　應付利息
　　貸：銀行存款

例 9-42：

廣州某公司於 2016 年 1 月 1 日發行 2,000 萬元企業債券，發行期限為 2 年，主要用於生產經營所需要的流動資金週轉。發行當日銀行同檔利率為 8%，發行債券的票面利率為 8%，暫不考慮發行手續費等因素，款項已經全部收到存入公司帳戶中。按季計提利息，利息到期一次性支付。請編製相應會計分錄。

(1) 發行收到款項時：

借：銀行存款　　　　　　　　　　　　　　　　20,000,000
　　貸：應付債券——面值　　　　　　　　　　　　20,000,000

(2) 2016 年第一季度末計提利息費用時：

借：財務費用　　　　　　　　　　　　　　　　　400,000
　　貸：應付利息　　　　　　　　　　　　　　　　400,000

這樣的會計分錄在兩年內要做 8 筆。

(3) 償還本金和利息時：

借：應付債券——面值　　　　　　　　　　　　20,000,000
　　應付利息　　　　　　　　　　　　　　　　　3,200,000
　　貸：銀行存款　　　　　　　　　　　　　　　23,200,000

(二) 折價發行的會計核算

當票面利率高於同期市場利率時，就會發生債券溢價發行的情形。債券的面值與實際發生價格之間的差額要採用實際利率法在債券的存續期間內進行攤銷。

實際利率法是指按應付債券的實際利率計算其攤餘成本及各期利息費用的方法。

實際利率是將應付債券在債券的存續期間內的未來現金流量折算為該債券當前帳

面價值所採用的利率。

債券的發行價格＝債券的面值×複利現值系數＋每年應付利息×普通年金現值系數

通過此公式，利用管理會計的相關知識可以計算出實際利率。

會計業務處理模板如下：

1. 發行收到款項時

借：銀行存款

　　應付債券——債券折價

　貸：應付債券——債券面值

2. 計提利息費用時

借：財務費用

　　在建工程

　貸：應付利息

　　　應付債券——債券折價

3. 支付利息時

借：應付利息

　貸：銀行存款

4. 償還本金和利息時

借：應付債券——債券面值

　貸：銀行存款

例 9-43：

廣州 A 股份有限公司於 2014 年 1 月 1 日發行一批債券，面值為 100 萬元，票面利率為 8%，期限為 3 年，實際利率為 10%，發行價格為 95.025,2 萬元。款項已存入銀行。該筆款項用於流動資金運轉。每年年末支付利息一次。利息分攤情況如表 9-6 所示。請編製相應會計分錄（單位使用萬元）。

表 9-6　　　　　　　　　利息分攤一覽表　　　　　　　　　單位：萬元

付息日期	支付利息 (1)=面值×8%	利息費用 (2)=上期(4)×10%	攤銷的利息調整 (3)=(2)-(1)	應付債券攤餘成本 (4)=上期(4)+(3)
2014.12.31	8	9.502,52	1.502,52	96.527,72
2015.12.31	8	9.652,772	1.652,772	98.180,492
2016.12.31	8	9.818,049,2	1.819,508	100
合計	24		4.974,8	

說明：第三年利息費用欄的金額為 9.818,049,2 萬元，第（2）與（1）的差額為 1.818,049,2 萬元，而第三年攤銷的利息調整欄的金額為 1.819,508，兩者之間有 0.001,458,8 的差額，是由於總的攤銷為 4.978 萬元影響造成的，也就是說第三年攤銷的利息調整金額 1.819,508＝4.978-1.502,52-1.652,772。

(1) 發行收到款項時：

借：銀行存款　　　　　　　　　　　　　　　　　　　　　　95.025,2

　　應付債券——債券折價　　　　　　　　　　　　　　　　 4.974,8

　　　　貸：應付債券——債券面值　　　　　　　　　　　　　100
（2）第一年計提利息時：
　　借：財務費用　　　　　　　　　　　　　　　　　　　9.502,52
　　　　貸：應付利息　　　　　　　　　　　　　　　　　　　8
　　　　　　應付債券——債券折價　　　　　　　　　　　1.502,52
支付第一年利息時：
　　借：應付利息　　　　　　　　　　　　　　　　　　　　8
　　　　貸：銀行存款　　　　　　　　　　　　　　　　　　　8
（3）第二年計提利息時：
　　借：財務費用　　　　　　　　　　　　　　　　　　　9.652,772
　　　　貸：應付利息　　　　　　　　　　　　　　　　　　　8
　　　　　　應付債券——債券折價　　　　　　　　　　　1.652,772
支付第二年利息時：
　　借：應付利息　　　　　　　　　　　　　　　　　　　　8
　　　　貸：銀行存款　　　　　　　　　　　　　　　　　　　8
（4）第三年計提利息時：
　　借：財務費用　　　　　　　　　　　　　　　　　　　9.819,508
　　　　貸：應付利息　　　　　　　　　　　　　　　　　　　8
　　　　　　應付債券——債券折價　　　　　　　　　　　1.819,508
支付第三年利息時：
　　借：應付利息　　　　　　　　　　　　　　　　　　　　8
　　　　貸：銀行存款　　　　　　　　　　　　　　　　　　　8
（5）償還時：
　　借：應付債券——債券面值　　　　　　　　　　　　　100
　　　　貸：銀行存款　　　　　　　　　　　　　　　　　　100

（三）溢價發行的會計核算

　　會計業務處理模板如下：

1. 發行收到款項時

借：銀行存款
　　貸：應付債券——債券面值
　　　　應付債券——債券溢價

2. 計提利息費用時

借：財務費用
　　應付債券——債券溢價
　　貸：應付利息

3. 償還本金和利息時
借：應付債券——債券面值
　貸：銀行存款

例 9-44：

廣州 A 股份有限公司於 2014 年 1 月 1 日發行一批債券，面值為 100 萬元，票面利率為 10%，期限為 3 年，實際利率為 8%，發行價格為 105.151 萬元。款項已存入銀行。該筆款項用於流動資金運轉。每年年末支付利息一次。利息分攤情況如表 9-7 所示。請編製相應會計分錄（單位使用萬元）。

表 9-7　　　　　　　　　　　利息分攤一覽表　　　　　　　　　　單位：萬元

付息日期	支付利息 (1)=面值×10%	利息費用 (2)=上期(4)×8%	攤銷的利息調整 (3)=(1)-(2)	應付債券攤餘成本 (4)=上期(4)-(3)
2014.12.31	10	8.412,08	1.587,92	103.563,08
2015.12.31	10	8.285,046,4	1.714,953,6	101.848,126
2016.12.31	10	8.147,850,08	1.848,126,4	100
合計	30		5.151	

說明：第三年利息費用欄的金額為 8.147,850,08 萬元，第（2）與（1）的差額為 1.852,149,92 萬元，而第三年攤銷的利息調整欄的金額為 1.848,126,4，兩者之間有 0.004,023,52 的差額，是由於總的攤銷額為 5.151 萬元影響造成的，也就是說第三年攤銷的利息調整金額 1.848,126,4=5.151-1.587,92-1.714,953,6。

（1）發行收到款項時：

借：銀行存款　　　　　　　　　　　　　　　　　105.151
　貸：應付債券——債券面值　　　　　　　　　　　　　　100
　　　應付債券——債券溢價　　　　　　　　　　　　　　5.151

（2）第一年計提利息時：

借：財務費用　　　　　　　　　　　　　　　　　8.412,08
　　應付債券——債券溢價　　　　　　　　　　　1.587,92
　貸：應付利息——應計利息　　　　　　　　　　　　　　10

支付第一年利息時：

借：應付利息——應計利息　　　　　　　　　　　10
　貸：銀行存款　　　　　　　　　　　　　　　　　　　　10

（3）第二年計提利息時：

借：財務費用　　　　　　　　　　　　　　　　　8.285,046,4
　　應付債券——債券溢價　　　　　　　　　　　1.714,953,6
　貸：應付利息——應計利息　　　　　　　　　　　　　　10

支付第二年利息時：

借：應付利息——應計利息　　　　　　　　　　　10
　貸：銀行存款　　　　　　　　　　　　　　　　　　　　10

(4) 第三年計提利息時：
借：財務費用　　　　　　　　　　　　　　　8.147,850,08
　　應付債券——債券溢價　　　　　　　　　1.848,126,4
　　貸：應付利息——應計利息　　　　　　　　　　　10
支付第三年利息時：
借：應付利息——應計利息　　　　　　　　　10
　　貸：銀行存款　　　　　　　　　　　　　　　　　10
(5) 第三年到期償還時：
借：應付債券——債券面值　　　　　　　　　100
　　貸：銀行存款　　　　　　　　　　　　　　　　　100

第十章　收入、費用、利潤

【本章學習重點】

(1) 收入確認的條件；
(2) 收入的會計核算；
(3) 費用的會計核算；
(4) 利潤的會計核算。

第一節　收入的會計核算

一、收入的定義

收入是企業在日常活動中形成的、會導致所有者權益增加的、與所有者投入資本無關的經濟利益的總流入。根據日常活動的性質，可以將收入分為商品銷售收入、提供勞務收入、讓渡資產使用權收入、建造合同收入等。

二、商品銷售收入的確認條件

(一) 企業已經將商品所有權上的主要風險和報酬轉移給購買方

與商品所有權有關的風險是指商品可能發生減值或毀損等形成的損失。與商品所有權有關的報酬是指商品價值增值或通過使用商品等形成的經濟利益。

如果與商品所有權有關的任何損失均不需要銷貨方承擔，與商品所有權有關的任何經濟利益也不歸銷貨方所有，就意味著商品所有權上的主要風險和報酬轉移給了購貨方。

通常情況下，轉移商品所有權憑證或交付實物后，商品所有權上的所有風險和報酬隨之轉移，如大多數商品銷售、預收款銷售、訂貨銷售、托收承付方式銷售商品等。

採用托收承付方式銷售商品時，在辦妥托收手續時，表明商品所有權上的主要風險和報酬已經轉移給購買方，因此可以確定為收入。

訂貨銷售是指收到全部或部分貨款而庫存沒有現貨，需要通過購買等程序才能將商品交付購貨方的銷售方式。在這種方式下，企業通常在發出商品並符合收入確認條件時確認收入，在此之前預收的貨款確認為負債。

預收款銷售是指購買方在商品尚未收到前按合同約定分期付款，銷售方在收到最後一筆款項時才交貨的銷售方式。企業應在發出商品時確認收入，在此之前預收的貨款應當確認為負債。

某些情況下，轉移商品所有權憑證或交付實物后，商品所有權上的主要風險和報酬隨之轉移，企業只保留商品所有權上的次要風險和報酬。例如，交款提貨方式銷售、視同買斷方式委託代銷商品等。

某些情況下，轉移商品所有權憑證或交付實物后，商品所有權上的主要風險和報酬並未隨之轉移。

第一，企業銷售的商品在質量、品種、規格等方面不符合同規定的要求，因而仍負有責任。

第二，收取手續費方式委託代銷的產品在沒有收到代銷清單前，不能確認為收入已經實現。

第三，安裝檢驗工作是商品銷售合同的重要組成部分，在沒有完成安裝檢驗工作前，但安裝程序比較簡單或檢驗是為最終確定合同價格，可以在商品發出時或在商品裝運時確認收入。

第四，銷售合同中規定了購買方有退貨的權利，在退貨期滿之前，不能確認為收入已經實現。

(二) 企業沒有保留與所有權相聯繫的管理權，也沒有對已售出的商品實施有效控制

例如，房地產商在將建造的房產銷售出去之後，失去了對房屋的所有權，可以組建一個物業公司對小區進行管理，但這種管理權與所有權沒有任何關係。

(三) 與交易相關的經濟利益能夠流入企業

銷售商品價款收回的可能性大於不能收回的可能性，也就是說銷售商品價款收回的可能性超過 50%。

(四) 相關的收入和成本能夠可靠計量

一方面，銷售商品的收入金額是能夠合理估計的就可以確認收入；反之銷售商品的收入金額不能夠合理估計，就無法確認收入。由於受某些客觀因素的影響，商品銷售價格會發生變動，因此在新的商品銷售價格未確定前通常不應確認銷售收入。

另一方面，企業對已銷售商品的已經發生或將要發生的成本能夠合理估計，就可以確認收入；反之在有些情況下，對銷售商品相關的已經發生的或將發生的成本不能夠合理估計，企業就不能確認為收入。

對所銷售的商品既要能夠準確知道它的售價，又要準確知道它的成本。

【特別提示】

在實際工作中，要判斷一項銷售行為是否成立，這四個條件要同時成立，否則是不能確認銷售收入的。

三、商品銷售收入的帳務處理

（一）一般情況下商品銷售收入的帳務處理

1. 銷售商品取得收入

銷售商品取得收入時會計業務處理模板如下：

借：應收帳款
　　應收票據
　　銀行存款
　　庫存現金
　貸：主營業務收入
　　　應交稅費——應交增值稅——銷項稅額

2. 結轉商品的銷售成本

結轉商品的銷售成本的會計業務處理模板如下：

借：主營業務成本
　貸：庫存商品

例 10-1：

廣州某公司 2016 年 7 月 15 日銷售甲產品一批，數量為 200 個，不含稅銷售單價為 60 元，增值稅稅率為 17%，該批產品的銷售單位成本為 40 元。款項已經通過銀行入帳。請編製相應會計分錄。

（1）銷售商品取得收入時：

借：銀行存款　　　　　　　　　　　　　　　　　14,040
　貸：主營業務收入　　　　　　　　　　　　　　　12,000
　　　應交稅費——應交增值稅——銷項稅額　　　　 2,040

（2）結轉商品的銷售成本：

借：主營業務成本　　　　　　　　　　　　　　　 8,000
　貸：庫存商品　　　　　　　　　　　　　　　　　 8,000

（二）出售原材料的會計處理

1. 出售原材料取得收入

出售原材料取得收入時會計業務處理模板如下：

借：應收帳款
　　應收票據
　　銀行存款
　　庫存現金
　貸：其他業務收入
　　　應交稅費——應交增值稅——銷項稅額

2. 結轉銷售原材料的成本

結轉銷售原材料的成本的會計業務處理模板如下：

借：其他業務成本
　　貸：原材料

例 10-2：

廣州某公司 2016 年 7 月 15 日銷售甲材料一批給北京宏展公司，數量為 2,000 個，不含稅銷售單價為 50 元，增值稅稅率為 17%，該批材料的銷售單位成本為 40 元。款項尚未收到。請編製相應會計分錄。

(1) 出售原材料取得收入時：

借：應收帳款	117,000
貸：其他業務收入	100,000
應交稅費——應交增值稅——銷項稅額	17,000

(2) 結轉銷售原材料的成本：

借：其他業務成本	80,000
貸：原材料	80,000

【特別提示】

在實際工作中，銷售產品及原材料的成本並不是每取得一筆收入就馬上結轉銷售商品及原材料的成本，而是要利用存貨的成本結轉方法在月末來結轉銷售商品及原材料的成本。在採用實際成本法進行核算時，可以採用先進先出法、一次加權平均法、移動加權平均法、后進先出法、個別計價法等方法進行結轉成本。若採用計劃成本法進行核算時，可以採用計劃成本差異率進行結轉成本。

(三) 銷售產品時涉及商業折扣、現金折扣、銷售折讓的會計處理

商業折扣是企業為了提高商品的銷售數量而給予客戶的價格優惠。當商業折扣行為發生時，應當按照扣除商業折扣后價格確定商品銷售收入金額。也就是說，發生商業折扣行為對企業銷售收入的確認帳務處理不會產生任何影響。

現金折扣是企業為了盡早收回貨款而給予債務人的債務金額一定比例的優惠。企業應當按照發生現金折扣前的金額確認銷售收入，當實際發生現金折扣時，將發生的現金折扣金額計入當期的財務費用中。

銷售折讓是企業在銷售產品時因產品的質量、規格、型號等原因不符合合同的要求給予購買方的價格上的扣除。對於銷售折讓，應分兩種情況進行處理：對於本年度的銷售收入發生的銷售折讓，衝減本年度的銷售收入；對於上一年的銷售收入發生的銷售折讓，通過「以前年度損益調整」會計科目進行調整。

例 10-3：

廣州某公司於 2016 年 5 月銷售甲產品一批，不含稅銷售單價為 200 元，為了增加產品的銷售數量，實行九折優惠銷售。增值稅稅率為 17%。當月銷售了 300 件，款項存入銀行。銷售單位成本為 150 元。請編製相應會計分錄。

(1) 銷售商品取得收入時：

借：銀行存款	63,180
貸：主營業務收入	54,000
應交稅費——應交增值稅——銷項稅額	9,180

(2) 結轉商品的銷售成本：
借：主營業務成本　　　　　　　　　　　　　　　　　　　45,000
　　貸：庫存商品　　　　　　　　　　　　　　　　　　　　　45,000

例 10-4：

廣州某公司於 2016 年 3 月銷售甲產品一批給上海乙公司，不含稅銷售單價為 200 元，增值稅稅率為 17%，銷售數量為 100 件，銷售單位成本為 150 元。由於產品質量存在一些問題，4 月份經雙方銷售部門協商，給予一定價格折讓，上海乙公司不再退貨，每件商品的折讓率為 10%。款項尚未收到。請編製相應會計分錄。

(1) 銷售商品取得收入時：
借：應收帳款　　　　　　　　　　　　　　　　　　　　　23,400
　　貸：主營業務收入　　　　　　　　　　　　　　　　　　20,000
　　　　應交稅費——應交增值稅——銷項稅額　　　　　　　3,400

(2) 結轉商品的銷售成本：
借：主營業務成本　　　　　　　　　　　　　　　　　　　15,000
　　貸：庫存商品　　　　　　　　　　　　　　　　　　　　15,000

(3) 發生銷售折讓時：
借：主營業務收入　　　　　　　　　　　　　　　　　　　 2,000
　　應交稅費——應交增值稅——銷項稅額　　　　　　　　　340
　　貸：應收帳款　　　　　　　　　　　　　　　　　　　　 2,340

【特別提示】

對於上一年的銷售收入發生的銷售折讓，凡是會計帳戶涉及損益的必須通過「以前年度損益調整」會計帳戶進行調整。同時，將「以前年度損益調整」會計帳戶的餘額只能轉入「利潤分配」帳戶中，而不能轉入「本年利潤」帳戶中。

調減上一年度的銷售收入會計業務處理模板如下：
借：以前年度損益調整
　　應交稅費——應交增值稅——銷項稅額
　　貸：應收帳款
　　　　應收票據
　　　　銀行存款
　　　　庫存現金

調整上一年度所得稅費用會計業務處理模板如下：
借：應交稅費——應交所得稅
　　貸：以前年度損益調整

將「以前年度損益調整」帳戶的餘額進行結轉會計業務處理模板如下：
借：利潤分配
　　貸：以前年度損益調整

例 10-5：

廣州某公司於 2015 年 11 月銷售甲產品一批給上海乙公司，不含稅銷售單價為 200

元，增值稅稅率為17%，銷售數量為100件，款項存入銀行。銷售單位成本為150元。由於產品存在一些質量問題，2016年2月份經雙方銷售部門協商，給予一定價格折讓，上海乙公司不再退貨，每件商品的折讓率為10%。上一年的所得稅稅率為25%。請編製相應會計分錄。

(1) 調減上一年度的銷售收入：
借：以前年度損益調整　　　　　　　　　　　　　　2,000
　　應交稅費——應交增值稅——銷項稅額　　　　　340
　貸：銀行存款　　　　　　　　　　　　　　　　　　　　2,340

(2) 調整上一年度所得稅費用：
借：應交稅費——應交所得稅　　　　　　　　　　　500
　貸：以前年度損益調整　　　　　　　　　　　　　　　　500

(3) 將「以前年度損益調整」帳戶的餘額進行結轉：
借：利潤分配　　　　　　　　　　　　　　　　　　1,500
　貸：以前年度損益調整　　　　　　　　　　　　　　　1,500

(四) 銷售退回的會計處理

銷售退回是企業在銷售產品時因產品的質量、規格、型號等不符合合同要求被購買方退回的商品。

對於商品已經發出，但沒有確認為商品收入的，其會計業務處理模板如下：
借：發出商品
　貸：庫存商品

對於當年銷售的商品發生的銷售退回，衝減當年的銷售收入和銷售成本即可。

1. 衝減當年的銷售收入

衝減當年的銷售收入的會計業務處理模板如下：
借：主營業務收入
　　應交稅費——應交增值稅——銷項稅額
　貸：應收帳款
　　　應收票據
　　　銀行存款
　　　庫存現金

2. 衝減當年商品的銷售成本

衝減當年商品的銷售成本的會計業務處理模板如下：
借：庫存商品
　貸：主營業務成本

例 10-6：

廣州某公司於2016年3月銷售甲產品一批給上海乙公司，不含稅銷售單價為200元，增值稅稅率為17%，銷售數量為100件，銷售單位成本為150元。由於產品存在一些質量問題，4月份購買方將此批產品退回，已完成退貨入庫手續。款項尚未收到。

請編製相應會計分錄。

(1) 衝減當年銷售收入時：

借：主營業務收入　　　　　　　　　　　　　　　　　　　　20,000
　　應交稅費——應交增值稅——銷項稅額　　　　　　　　　3,400
　　貸：應收帳款　　　　　　　　　　　　　　　　　　　　　23,400

(2) 衝減當年商品的銷售成本：

借：庫存商品　　　　　　　　　　　　　　　　　　　　　　15,000
　　貸：主營業務成本　　　　　　　　　　　　　　　　　　　15,000

對於上年銷售的商品發生的銷售退回，凡會計科目涉及損益的，只能通過「以前年度損益調整」會計科目進行調整。

調減上一年度的銷售收入的會計業務處理模板如下：

借：以前年度損益調整
　　應交稅費——應交增值稅——銷項稅額
　　貸：應收帳款
　　　　應收票據
　　　　銀行存款
　　　　庫存現金

衝減上一年度的銷售成本的會計業務處理模板如下：

借：庫存商品
　　貸：以前年度損益調整

調整上一年度所得稅費用的會計業務處理模板如下：

借：應交稅費——應交所得稅
　　貸：以前年度損益調整

將「以前年度損益調整」科目的餘額進行結轉的會計業務處理模板如下：

借：利潤分配
　　貸：以前年度損益調整

例 10-7：

廣州某公司於 2015 年 11 月銷售甲產品一批給上海乙公司，不含稅銷售單價為 200 元，增值稅稅率為 17%，銷售數量為 100 件，款項存入銀行。銷售單位成本為 150 元。由於產品存在一些質量問題，2016 年 2 月購買方將該批商品退回，已辦妥了退貨入庫手續。上一年的所得稅稅率為 25%。請編製相應會計分錄。

(1) 調減上一年度的銷售收入：

借：以前年度損益調整　　　　　　　　　　　　　　　　　　20,000
　　應交稅費——應交增值稅——銷項稅額　　　　　　　　　3,400
　　貸：銀行存款　　　　　　　　　　　　　　　　　　　　　23,400

(2) 衝減上一年度的銷售成本：

借：庫存商品　　　　　　　　　　　　　　　　　　　　　　15,000
　　貸：以前年度損益調整　　　　　　　　　　　　　　　　　15,000

（3）調整上一年度所得稅費用：
借：應交稅費——應交所得稅　　　　　　　　　　　1,250
　　貸：以前年度損益調整　　　　　　　　　　　　　　　1,250
（4）將「以前年度損益調整」科目的餘額進行結轉：
借：利潤分配　　　　　　　　　　　　　　　　　　3,750
　　貸：以前年度損益調整　　　　　　　　　　　　　　　3,750

四、商品發出時不能滿足銷售收入確認條件的情況

商品發出時不能滿足銷售收入確認條件下會計業務處理模板如下：
1. 商品發出時
借：發出商品
　　貸：庫存商品
2. 由於納稅義務發生，確認應繳納的增值稅
借：應收帳款
　　貸：應交稅費——應交增值稅——銷項稅額
3. 當滿足銷售收入確認條件時確認銷售收入
借：應收帳款
　　應收票據
　　銀行存款
　　庫存現金
　　貸：主營業務收入
4. 當滿足銷售收入確認條件時結轉商品的銷售成本
借：主營業務成本
　　貸：發出商品

例 10-8：

廣州某公司於 2016 年 8 月銷售甲產品一批給上海乙公司，不含稅銷售單價為 100 元，增值稅稅率為 17%，銷售數量為 300 件，發貨后得知由於上海乙公司經營困難，有可能收不回此筆貨款。銷售單位成本為 60 元。到了 12 月份，上海乙公司的財務狀況有所好轉，符合銷售收入的確認條件。請編製相應會計分錄。

（1）商品發出時：
借：發出商品　　　　　　　　　　　　　　　　　　18,000
　　貸：庫存商品　　　　　　　　　　　　　　　　　　　18,000
（2）由於納稅義務發生，確認應繳納的增值稅：
借：應收帳款　　　　　　　　　　　　　　　　　　　5,100
　　貸：應交稅費——應交增值稅——銷項稅額　　　　　　5,100
（3）當滿足銷售收入確認條件時確認銷售收入：
借：應收帳款　　　　　　　　　　　　　　　　　　30,000
　　貸：主營業務收入　　　　　　　　　　　　　　　　30,000

(4) 當滿足銷售收入確認條件時結轉商品的銷售成本：

借：主營業務成本　　　　　　　　　　　　　　　　　　　　　18,000
　　貸：發出商品　　　　　　　　　　　　　　　　　　　　　　　18,000

五、委託代銷商品的會計處理

委託代銷商品可以分為視同買斷方式銷售和收取手續費用方式銷售兩種形式，這兩種形式會計處理是有所不同的。

(一) 視同買斷方式下的委託代銷商品銷售

視同買斷方式代銷商品是委託方與受託方之間簽訂銷售合同或銷售協議，委託方按照銷售合同或銷售協議確定的價款收取代銷的貨款，受託方有權決定代銷商品的實際銷售價格。實際銷售價格與銷售合同或銷售協議確定的委託收取的代銷貨款之間的差價歸受託方所有。

如果委託方和受託方之間簽訂的協議明確規定受託方可以將沒有銷售出去的貨物退回，或受託方接受代銷產生了虧損，委託方必須對受託方進行經濟補償，這時委託方在交付商品時不能確認為銷售收入，受託方也不會確認為購進貨物處理。只有委託方收到受託方的代銷清單時才能確認為銷售收入的實現。

委託方的會計業務處理模板如下：

1. 商品發出時

借：應收帳款
　　貸：主營業務收入
　　　　應交稅費——應交增值稅——銷項稅額

2. 結轉銷售成本

借：主營業務成本
　　貸：庫存商品

3. 收到貨款時

借：銀行存款
　　貸：應收帳款

例 10-9：

廣州 A 公司與廣州乙公司於 2016 年 8 月 10 日簽訂了一份委託代銷商品協議，廣州乙公司為廣州 A 公司代銷某種商品 500 個，不含稅代銷銷售單價為 100 元，其單位銷售成本為 90 元。9 月 20 日廣州 A 公司收到廣州乙公司寄來的代銷清單，將此批產品全部銷售出去，款項已經通過銀行收妥。廣州乙公司最終的不含稅實際銷售單價為 120 元。增值稅稅率為 17%。請編製廣州 A 公司（委託方）的相應會計分錄。

(1) 在商品發出時確認銷售收入：

借：應收帳款　　　　　　　　　　　　　　　　　　　　　　　　58,500
　　貸：主營業務收入　　　　　　　　　　　　　　　　　　　　　50,000
　　　　應交稅費——應交增值稅——銷項稅額　　　　　　　　　　8,500

(2) 結轉銷售成本：
借：主營業務成本　　　　　　　　　　　　45,000
　　貸：庫存商品　　　　　　　　　　　　　　45,000
(3) 收到貨款時：
借：銀行存款　　　　　　　　　　　　　　58,500
　　貸：應收帳款　　　　　　　　　　　　　　58,500

(二) 收取手續費用方式下的委託代銷商品銷售

在這種銷售方式下，委託方與受託方之間簽訂商品銷售協議或銷售合同，受託方負責將受託商品銷售出去，對於無法銷售出去，受託方將未售出的商品退回給委託方。因此，委託方將商品發出給受託方時不能確認商品銷售收入的實現，只有收到受託方的代銷清單才能確認銷售收入的實現，受託方按照銷售協議或銷售合同的規定來確認代銷商品的收入，將這部分收入記入「其他業務收入」帳戶中。委託方將付給受託方的代銷手續費用記入「銷售費用」帳戶中。

委託方的會計業務處理模板如下：
1. 發出商品時
借：發出商品
　　貸：庫存商品
2. 收到代銷清單時
借：應收帳款
　　貸：主營業務收入
　　　　應交稅費——應交增值稅——銷項稅額
3. 結轉銷售成本
借：主營業務成本
　　貸：發出商品
4. 計算應付的代銷手續費用時
借：銷售費用
　　貸：應收帳款
5. 收到貨款時
借：銀行存款
　　貸：應收帳款

受託方的會計業務處理模板如下：
1. 收到委託代銷商品時
借：受託代銷商品
　　貸：受託代銷商品款
2. 實際銷售商品時
借：銀行存款
　　貸：應付帳款

　　　　應交稅費——應交增值稅——銷項稅額
3. 結轉銷售成本
借：受託代銷商品款
　　貸：受託代銷商品
4. 收到委託方開具的增值稅專用發票時
借：應交稅費——應交增值稅——進項稅額
　　貸：應付帳款
5. 支付應付帳款並計算代銷收入時
借：應付帳款
　　貸：銀行存款
　　　　主營業務收入

例 10-10：

　　廣州 A 公司與廣州乙公司於 2016 年 8 月 10 簽訂了一份委託代銷商品協議，廣州乙公司為廣州 A 公司代銷某種商品 500 個，不含稅代銷價為 100 元，其成本為 90 元。9 月 12 日廣州 A 公司收到廣州乙公司寄來的代銷清單，將此批產品全部銷售出去。按銷售收入的 1% 計算代銷手續費。款項已經通過銀行支付。請編製廣州 A 公司（委託方）和廣州乙公司（受託方）的相應會計分錄。

委託方的帳務處理如下：

(1) 發出商品時：

借：發出商品	45,000
貸：庫存商品	45,000

(2) 收到代銷清單時：

借：應收帳款	58,500
貸：主營業務收入	50,000
應交稅費——應交增值稅——銷項稅額	8,500

(3) 結轉銷售成本：

借：主營業務成本	45,000
貸：發出商品	45,000

(4) 計算應付的代銷手續費用時：

借：銷售費用	500
貸：應收帳款	500

(5) 收到貨款時：

借：銀行存款	58,000
貸：應收帳款	58,000

受託方的帳務處理如下：

(1) 收到委託代銷商品時：

借：受託代銷商品	50,000
貸：受託代銷商品款	50,000

（2）實際銷售商品時：
借：銀行存款 58,500
　貸：應付帳款 50,000
　　　應交稅費——應交增值稅——銷項稅額 8,500
（3）結轉銷售成本：
借：受託代銷商品款 50,000
　貸：受託代銷商品 50,000
（4）收到委託方開具的增值稅專用發票時：
借：應交稅費——應交增值稅——進項稅額 8,500
　貸：應付帳款 8,500
（5）支付應付帳款並計算代銷收入時：
借：應付帳款 58,500
　貸：銀行存款 58,000
　　　主營業務收入 500

六、分期收款銷售

應收的合同或者協議價款的公允價值通常應當按照其未來現金流量現值或商品現銷價格計算確定。

應收的合同或者協議價款與其公允價值的差額應當在合同或協議期間內按照應收款項的攤餘成本和實際利率計算確定的金額進行攤銷，衝減財務費用。

「未確認融資費用」帳戶屬負債類帳戶，是長期應付款的備抵帳戶，核算企業應當分期計入利息費用的未確認融資費用。

會計業務處理模板如下：
1. 銷售時
借：長期應收款
　貸：主營業務收入
　　　其他業務收入
　　　應交稅費——應交增值稅——銷項稅額
　　　未實現融資收益
2. 結轉成本
借：主營業務成本
　貸：庫存商品
3. 收到貨款時
借：銀行存款
　貸：長期應收款
4. 攤銷未實現融資收益時
借：未實現融資收益
　貸：財務費用

例 10-11：

2013 年 1 月 1 日，廣州 A 股份有限公司採用分期收款銷售的方式向廣州乙股份有限公司銷售某項產品，合同約定銷售價格為 1,600 萬元，分 4 次於每年的 12 月 31 日等額收取。該產品成本為 1,000 萬元，在現銷的方式下，該產品的銷售價格為 1,400 萬元。假定廣州 A 股份有限公司發出商品時開出增值稅發票，註明的增值稅額為 272 萬元，並於當天收到增值稅稅額 272 萬元。請進行相應帳務處理（會計分錄金額以萬元為單位）。

未來 4 年收款的現值＝現銷方式下應收款項金額

可以得出：

400×（P/A，R，4）+272＝1,400+272＝1,672（萬元）

當 R＝5% 時，400×3.546,0+272＝1,690.4（萬元）

當 R＝8% 時，400×3.387,2+272＝1,626.88（萬元）

1,690.4　　　5%

1,672　　　　R

1,626.88　　　7%

R＝5.579,3%

財務費用和已收本金計算如表 10-1 所示：

表 10-1　　　　　　財務費用和已收本金計算表　　　　　單位：萬元

年份	未收本金 （1）	財務費用 （2）=（1）×實際利率	收現總額 （3）	已收本金 （4）=（3）-（2）
2013.1.1	1,400			
2013.12.31	1,078.110,2	78.110,2	400	321.889,8
2014.12.31	738.261,3	60.151	400	339.848,9
2015.12.31	379.451,1	41.189,8	400	358.810,2
2016.12.31		20.549	400	379.451,1
總額		200	1,600	1,400

【特別提示】

因為財務費用總的金額為 200 萬元，所以 2013 年 12 月 31 日的財務費用計算如下：200-78.110,2-60.151-41.189,8＝20.549（萬元）

因為現金銷售的總額為 1,400 萬元，所以 2013 年 12 月 31 日收回的本金計算如下：1,400-321.889,8-339.848,9-358.810,2＝379.451,1（萬元）

（1）銷售時：

借：長期應收款　　　　　　　　　　　　　　　　　　1,600

　　銀行存款　　　　　　　　　　　　　　　　　　　　272

　　貸：主營業務收入　　　　　　　　　　　　　　　　　　1,400

　　　　應交稅費——應交增值稅——銷項稅額　　　　　　　272

　　　　未實現融資收益　　　　　　　　　　　　　　　　　200

（2）結轉銷售成本時：
借：主營業務成本　　　　　　　　　　　　　　　1,000
　貸：庫存商品　　　　　　　　　　　　　　　　　　　1,000
（3）2013年12月31日收到貨款時：
借：銀行存款　　　　　　　　　　　　　　　　　　400
　貸：長期應收款　　　　　　　　　　　　　　　　　　400
借：未實現融資收益　　　　　　　　　　　　　78.110,2
　貸：財務費用　　　　　　　　　　　　　　　　　78.110,2
（4）2014年12月31日收到貨款時：
借：銀行存款　　　　　　　　　　　　　　　　　　400
　貸：長期應收款　　　　　　　　　　　　　　　　　　400
借：未實現融資收益　　　　　　　　　　　　　　60.151
　貸：財務費用　　　　　　　　　　　　　　　　　　60.151
（5）2015年12月31日收到貨款時：
借：銀行存款　　　　　　　　　　　　　　　　　　400
　貸：長期應收款　　　　　　　　　　　　　　　　　　400
借：未實現融資收益　　　　　　　　　　　　　41.189,8
　貸：財務費用　　　　　　　　　　　　　　　　　41.189,8
（6）2016年12月31日收到貨款時：
借：銀行存款　　　　　　　　　　　　　　　　　　400
　貸：長期應收款　　　　　　　　　　　　　　　　　　400
借：未實現融資收益　　　　　　　　　　　　　　20.549
　貸：財務費用　　　　　　　　　　　　　　　　　　20.549

七、提供勞務收入

企業在經營的過程中，會產生各種形式的勞務收入。例如，鍋爐生產企業在銷售鍋爐這種產品的同時，也會提供專業的鍋爐安裝服務，這時就會產生一定金額的勞務收入；電梯生產企業在銷售電梯這種產品的同時，也會提供專業的電梯安裝服務，這時就會產生一定金額的勞務收入。

（一）提供勞務交易結果能夠可靠計量

勞務收入的確認條件如下：

1. 收入的金額能夠可靠計量

這是指企業能夠根據已簽訂的提供勞務合同或協議確定提供勞務收入的總金額。在實際工作中，簽訂合同的雙方可能重新修訂已簽訂的合同，這時提供勞務收入的總金額可能發生一定金額的增加或減少，企業也應及時調整提供勞務收入的總金額。

2. 相關的經濟利益很可能流入企業

這是指提供勞務收入總金額收回的可能性大於不能收回的可能性，這就可以判斷

為相關的經濟利益很可能流入企業。反之，提供勞務收入總金額收回的可能性小於不能收回的可能性，則可以判斷為相關的經濟利益不是很可能流入企業。在實際工作中，一般根據接受勞務方是否承諾付款來判斷。

3. 交易完工程度能夠可靠確定

企業可以採用以下幾種方法來確定提供勞務的完工進度：

（1）已經提供的勞務量占應提供勞務總量的比例。這種方法是以提供勞務總量為標準來確定提供勞務交易的完工程度。

（2）已經完成工作的測量。這種方法是由專業測量師對已經提供的勞務進行測量，並採用一定的專業方法來確定提供勞務交易的完工進度。

（3）已經發生的成本占估計總成本的比例。這種方法主要是以成本為標準來確定交易的完工進度。

4. 交易中已經發生的成本和將要發生的成本能夠可靠計量

這也就是說，提供勞務的企業能夠合理計量出已經發生和將要發生的勞務成本。

完工百分比法的實際運用如下：

完工百分比法是指按照提供勞務的完工進度來確認收入和費用的方法。

本期確認收入＝勞務收入×本期末為止提供勞務的完工進度－前期已確認的收入

本期確認費用＝勞務總成本×本期末為止提供勞務的完工進度－前期已確認的費用

會計帳戶設置如下：

「勞務成本」帳戶是損益類帳戶中的費用類帳戶，其核算內容是在這個帳戶的借方登記已經發生的各項勞務支出；貸方登記結轉到「主營業務成本」帳戶的金額。這個帳戶期末沒有餘額。

這種業務核算的特點是將發生的各項勞務支出先歸集在「勞務成本」帳戶中，然后在期末結轉到「主營業務成本」帳戶中。

例 10-12：

廣州甲電梯公司於 2016 年 10 月 2 日同廣州乙商場簽訂一份電梯安裝合同，由廣州甲電梯公司負責安裝電梯 5 部。經過雙方協商，每部電梯的安裝服務費（含稅）為 6,660 元，增值稅稅率為 11%。該項安裝任務在 10 月 20 日之前完成。在安裝過程中，廣州甲電梯公司應向本公司安裝人員支付工資 26,000 元，支付交通費用 800 元。廣州乙商場應支付的款項已經通過銀行轉帳收到。廣州甲電梯公司應支付的工資還沒有發放，交通費用以現金方式支付。請進行相應帳務處理。

發生勞務支出時：

借：勞務成本　　　　　　　　　　　　　　　　　　　　　　26,800
　　貸：應付職工薪酬　　　　　　　　　　　　　　　　　　　　26,000
　　　　庫存現金　　　　　　　　　　　　　　　　　　　　　　　800

收到款項時：

借：銀行存款　　　　　　　　　　　　　　　　　　　　　　33,300
　　貸：主營業務收入　　　　　　　　　　　　　　　　　　　　30,000
　　　　應交稅費——應交增值稅——銷項稅額　　　　　　　　　3,300

結轉勞務成本時：
借：主營業務成本　　　　　　　　　　　　　　　　　　26,800
　　貸：勞務成本　　　　　　　　　　　　　　　　　　　　26,800

(二) 提供勞務交易結果不能可靠計量

企業在資產負債日提供勞務交易結果不能可靠計量的，也就是不能同時滿足上述四個條件時，企業不能按照完工百分比法來確認提供勞務收入。此時應當分以下兩種情況來處理：

第一，已經發生的勞務成本預計全部不能得到補償的，應當將已經發生的勞務成本計入當期損益，不能確認為勞務收入。

第二，已經發生的勞務成本預計能夠得到補償的，應當按已經或預計能夠收回的金額確定提供勞務收入，並結轉已經發生的勞務成本。

(三) 同時銷售商品和提供勞務交易

如果銷售產品和提供勞務能夠明確區分並能夠單獨核算的，企業應當分別核算銷售產品取得的收入和提供勞務取得的勞務收入；雖能區分但不能單獨計量的，或者銷售產品和提供勞務不能夠區分的，企業應當將銷售產品和提供勞務全部作為銷售產品進行會計處理。

例 10-13：

廣州甲電梯公司於 2016 年 10 月 2 日向廣州乙商場銷售某種電梯 5 部，每部電梯不含稅的售價為 100,000 元，每部電梯的成本為 90,000 元，增值稅稅率為 17%。雙方在銷售合同中規定，廣州甲電梯公司向廣州乙商場銷售電梯收取的價款中不含安裝服務費。若廣州乙商場需要提供安裝服務，廣州甲電梯公司根據實際提供勞務情況需要另行收費。經過雙方協商，每部電梯的安裝服務費（含稅）為 6,660 元。在安裝過程中，廣州甲電梯公司應向本公司安裝人員支付工資 26,000 元，支付交通費用 800 元。廣州乙商場應支付的款項已經通過銀行轉帳收到。廣州甲電梯公司應支付的工資還沒有發放，交通費用以現金方式支付。安裝服務的增值稅稅率為 11%。請進行相應帳務處理。

電梯發出時：
借：發出商品　　　　　　　　　　　　　　　　　　　　450,000
　　貸：庫存商品　　　　　　　　　　　　　　　　　　　450,000

發生勞務支出時：
借：勞務成本　　　　　　　　　　　　　　　　　　　　26,800
　　貸：應付職工薪酬　　　　　　　　　　　　　　　　　26,000
　　　　庫存現金　　　　　　　　　　　　　　　　　　　　800

電梯安裝完成確認收入時：
借：銀行存款　　　　　　　　　　　　　　　　　　　　585,000
　　貸：主營業務收入　　　　　　　　　　　　　　　　　500,000
　　　　應交稅費——應交增值稅——銷項稅額　　　　　　85,000
借：銀行存款　　　　　　　　　　　　　　　　　　　　33,300

貸：主營業務收入		30,000
應交稅費——應交增值稅——銷項稅額		3,300

結轉成本時：

借：主營業務成本		476,800
貸：發出商品		450,000
勞務成本		26,800

例 10-14：

　　廣州甲電梯公司於 2016 年 10 月 2 日向廣州乙商場銷售某種電梯 5 部，每部電梯不含稅的售價為 100,000 元，每部電梯的成本為 90,000 元，增值稅稅率為 17%。雙方在銷售合同中規定，廣州甲電梯公司向廣州乙商場銷售電梯所收取的價款中含安裝服務費。在安裝過程中，廣州甲電梯公司應向本公司安裝人員支付工資 26,000 元，支付交通費用 800 元。廣州乙商場應支付的款項已經通過銀行轉帳收到。廣州甲電梯公司應支付的工資還沒有發放，交通費用以現金方式支付。請進行相應帳務處理。

電梯發出時：

借：發出商品		450,000
貸：庫存商品		450,000

發生勞務支出時：

借：勞務成本		26,800
貸：應付職工薪酬		26,000
庫存現金		800

電梯安裝完成確認收入時：

借：銀行存款		585,000
貸：主營業務收入		500,000
應交稅費——應交增值稅——銷項稅額		85,000

結轉成本時：

借：主營業務成本		476,800
貸：發出商品		450,000
勞務成本		26,800

第二節　費用的會計核算

一、費用的定義及分類

　　費用是指日常經營活動中發生的，會導致所有者權益減少的，與所有者分配利潤無關的經濟利益的總流出。

　　確認費用時要劃分生產費用和非生產經營費用的界限、生產費用與產品成本的界限、生產費用與期間費用的界限。

期間費用主要由管理費用、財務費用、銷售費用三部分組成。

管理費用是指企業行政管理部門為組織和管理生產經營活動發生的各種費用。主要內容有工會經費、職工教育經費、業務招待費、印花稅、技術轉讓費、無形資產攤銷、諮詢費、訴訟費、公司經費、聘請仲介機構費、礦產資源補償費、研究與開發費、勞動保險費、待業保險費、董事會費等。

其中，公司經費主要有總部管理人員工資、職工福利費、差旅費、辦公費、折舊費、修理費、物料消耗、低值易耗品攤銷以及其他公司經費。

銷售費用是指企業在銷售產品、提供勞務等日常經營過程中發生的各項費用以及專設銷售機構的各項經費。主要內容有運輸費、裝卸費、包裝費、保險費、展覽費、廣告費、租賃費（不包括融資租賃費）以及為銷售本公司商品而專設的銷售機構的職工工資、福利費等經常性費用。

商品流通企業在進貨過程中發生的運輸費、裝卸費、包裝費、運輸途中的合理損耗和入庫前的挑選整理費用，也作為銷售費用處理。

財務費用指企業籌集生產經營所需資金而發生的費用。主要內容有利息淨支出減利息收入、匯兌淨損失（減匯兌收益）、金融機構手續費以及籌集生產經營資金發生的其他費用等。

二、期間費用的會計核算

期間費用發生時會計業務處理模板如下：

借：財務費用
　　銷售費用
　　管理費用
　貸：庫存現金
　　　銀行存款
　　　應付帳款
　　　應付票據

【特別提示】

期間費用在進行會計核算時，要寫到二級或三級會計明細科目，否則無法滿足管理需要及登記多欄式明細帳的需要。

例 10-15：

廣州 A 公司 2016 年 12 月人力資源部發生招待費用 2,000 元，購買辦公用品 500 元，財務部匯款到外地支付手續費 150 元，為銷售部支付在某報紙的廣告費 2,500 元。以上款項均以銀行存款支付。請編製相應會計分錄。

借：財務費用——手續費	150
銷售費用——廣告費	2,500
管理費用——招待費	2,000
管理費用——辦公費	500
貸：銀行存款	5,150

第三節　利潤的會計核算

一、利潤的計算過程

企業利潤是企業一定期間的經營成果，是一定期間收入減去相關費用后的淨額。企業首先計算出營業利潤，其次計算出利潤總額，最后計算出淨利潤。

營業利潤、利潤總額、淨利潤計算公式如下：

營業利潤＝營業收入-稅金及附加-營業成本-銷售費用-管理費用-財務費用-資產減值損失±投資淨收益±公允價值變動損益

利潤總額＝營業利潤+營業外收入-營業外支出

淨利潤＝利潤總額-所得稅費用

營業外收入是指與企業生產經營活動沒有直接關係的各種利得，主要內容有非流動資產處置利得、非貨幣性交易收益、債務重組利得、政府補助、盤盈利得、捐贈利得。

非流動資產處置利得包括固定資產處置利得和無形資產利得。

盤盈利得是對於現金等清查盤點中盤盈的現金等，報批准后計入營業外收入的金額。

二、處理固定資產的淨收益

例 10-16：

廣州 A 公司於 2016 年 6 月 15 日將一臺於 2010 年 5 月購入、入帳價值為 10 萬元、已計提折舊 6 萬元的設備出售，獲得價款 6 萬元，發生清理費用 0.5 萬元。所有款項的收支均通過銀行辦妥。請編製相應會計分錄。

（1）將固定資產淨值轉入固定資產清理：

借：固定資產清理　　　　　　　　　　　　　　　　40,000
　　累計折舊　　　　　　　　　　　　　　　　　　60,000
　貸：固定資產　　　　　　　　　　　　　　　　　100,000

（2）收到清理收入：

借：銀行存款　　　　　　　　　　　　　　　　　　60,000
　貸：固定資產清理　　　　　　　　　　　　　　　 60,000

（3）支付清理費用：

借：固定資產清理　　　　　　　　　　　　　　　　 5,000
　貸：銀行存款　　　　　　　　　　　　　　　　　 5,000

（4）將固定資產清理帳戶餘額轉入營業外收入：

借：固定資產清理　　　　　　　　　　　　　　　　15,000
　貸：營業外收入　　　　　　　　　　　　　　　　 15,000

三、出售無形資產的淨收益

例 10-17：

2016 年 1 月廣州市 A 公司將一項於 2013 年 1 月花 5 萬元購入的無形資產賣給了本市一家公司，取得價款 4 萬元，該項無形資產按 5 年直線法進行攤銷。款項已存入銀行。只考慮應交的增值稅，暫不考慮其他稅金，增值稅稅率為 6%。請編製相應會計分錄。

借：銀行存款　　　　　　　　　　　　　　　　40,000
　　累計攤銷　　　　　　　　　　　　　　　　30,000
　貸：營業外收入　　　　　　　　　　　　　　17,600
　　　應交稅費——應交增值稅——銷項稅額　　 2,400
　　　無形資產　　　　　　　　　　　　　　　50,000

四、營業外支出

營業外支出是與企業的日常生產經營活動沒有直接聯繫的各項損失，主要有非流動資產處置損失、非貨幣性交易損失、債務重組損失、公益性捐贈支出、非常損失、盤虧損失（不包括存貨的盤虧，存貨盤虧記入了「管理費用」帳戶中）。

五、固定資產盤虧的會計處理

固定資產盤虧的會計業務處理模板如下：
1. 將盤虧的固定資產淨值轉入「待處理財產損溢」帳戶中
借：待處理財產損溢
　　累計折舊
　貸：固定資產
2. 將「待處理財產損溢」帳戶餘額轉入「營業外支出」帳戶中
借：營業外支出
　貸：待處理財產損溢

例 10-18：

廣州 A 公司於 2016 年 12 月對公司的所有固定資產進行盤點，盤虧了一臺設備，其帳面價值為 10 萬元，帳面上反應已計提折舊 7 萬元。無法查明盤虧的原因，經總經理批准後作為公司損失處理。請編製相應會計分錄。

(1) 將盤虧的固定資產淨值轉入「待處理財產損溢」帳戶中：
借：待處理財產損溢　　　　　　　　　　　　　30,000
　　累計折舊　　　　　　　　　　　　　　　　70,000
　貸：固定資產　　　　　　　　　　　　　　　100,000
(2) 將「待處理財產損溢」帳戶餘額轉入「營業外支出」帳戶中：
借：營業外支出　　　　　　　　　　　　　　　30,000
　貸：待處理財產損溢　　　　　　　　　　　　30,000

六、處置固定資產淨損失的會計處理

例 10-19：

廣州 A 公司於 2016 年 10 月將一臺不需用的生產設備出售。該設備原價為 10 萬元，已計提折舊 6 萬元，用銀行存款支付清理費用 1 萬元，發生清理收入 3 萬元已存入銀行。請編製相應會計分錄。

(1) 將固定淨值轉入「固定資產清理」帳戶中：

借：固定資產清理　　　　　　　　　　　　　　40,000
　　累計折舊　　　　　　　　　　　　　　　　60,000
　　貸：固定資產　　　　　　　　　　　　　　　　　100,000

(2) 支付固定資產清理費用：

借：固定資產清理　　　　　　　　　　　　　　10,000
　　貸：銀行存款　　　　　　　　　　　　　　　　　10,000

(3) 收到固定資產清理收入：

借：銀行存款　　　　　　　　　　　　　　　　30,000
　　貸：固定資產清理　　　　　　　　　　　　　　　30,000

(4) 「固定資產清理」帳戶的餘額轉入「營業外支出」帳戶：

借：營業外支出　　　　　　　　　　　　　　　20,000
　　貸：固定資產清理　　　　　　　　　　　　　　　20,000

七、出售無形資產的損失的會計處理

例 10-20：

廣州 A 公司於 2016 年 10 月將一項購入價值為 5 萬元、已攤銷 3 萬元的無形資產對外出售，獲取價款 1 萬元，增值稅稅率為 6%，已收到現金。請編製相應會計分錄。

借：營業外支出　　　　　　　　　　　　　　　10,600
　　庫存現金　　　　　　　　　　　　　　　　10,000
　　累計攤銷　　　　　　　　　　　　　　　　30,000
　　貸：無形資產　　　　　　　　　　　　　　　　　50,000
　　　　應交稅費——應交增值稅——銷項稅額　　　　600

八、應交企業所得稅的會計處理

企業所得稅是以企業的利潤總額為根據繳納的一種稅額。在實際工作中並不能直接根據當年實現的利潤總額乘以所得稅稅率計算當期應交的所得稅，要考慮前期虧損狀況及時間長短。按現行稅法的規定，企業實現的虧損，可以用以後連續 5 年內實現的稅前利潤進行彌補，沒有彌補完的，只能用稅後利潤進行彌補。

應交企業所得稅的會計業務處理模板如下：

1. 計提當期應交的所得稅

借：所得稅費用
　　貸：應交稅費——應交所得稅

2. 結轉所得稅費用
借：本年利潤
　　貸：所得稅費用

例 10-21：

廣州 A 公司於 2010 年開業，當年實現利潤-100 萬元，2011 年實現利潤 10 萬元，2012 年實現利潤-20 萬元，2013 年實現利潤 20 萬元，2014 年實現利潤 30 萬元，2015 年實現利潤-15 萬元，2016 年實現利潤 150 萬元。試計算企業每年應繳納的所得稅，並給出帳務處理（所得稅率為 25%）。

2010 年不用繳納所得稅；
2011 年不用繳納所得稅；
2012 年不用繳納所得稅；
2013 年不用繳納所得稅；
2014 年不用繳納所得稅；
2015 年不用繳納所得稅；
2016 年應繳納所得稅＝(150-20-15)×25%＝28.75（萬元）

(1) 計提當期應交的所得稅時：

借：所得稅費用　　　　　　　　　　　　　　　　287,500
　　貸：應交稅費——應交所得稅　　　　　　　　　287,500

(2) 結轉所得稅費用：

借：本年利潤　　　　　　　　　　　　　　　　　287,500
　　貸：所得稅費用　　　　　　　　　　　　　　287,500

九、本年利潤的結轉與分配

當期發生的經濟業務全部編製完成記帳憑證後，就可以利用 T 字帳戶對本期發生的經濟業務進行試算平衡了，然後就得到了本期會計科目試算平衡表，根據會計科目試算平衡表就可以將本期收入及費用支出等損益類帳戶的發生額結轉到「本年利潤」帳戶中了。

會計業務處理模板如下：

1. 將收入類帳戶的貸方發生額結轉到「本年利潤」帳戶中

借：主營業務收入
　　其他業務收入
　　營業外收入
　　投資收益
　　貸：本年利潤

2. 將費用支出類帳戶的借方發生額結轉到「本年利潤」帳戶中

借：本年利潤
　　貸：主營業務成本
　　　　其他業務成本

营业外支出

资产减值损失

所得税费用

财务费用

管理费用

销售费用

税金及附加

3. 若「本年利润」帐户的余额在贷方

借：本年利润

　　贷：利润分配——未分配利润

4. 若「本年利润」帐户的余额在借方

借：利润分配——未分配利润

　　贷：本年利润

【特别提示】

若收入、费用支出等损益类帐户设置有二级或三级会计明细科目，在将收入、费用支出等损益类帐户的发生额结转到「本年利润」帐户中时，要分明细项目进行结转。

例 10-22：

广州市某公司 2016 年 10 月会计科目发生额试算平衡表如表 10-2 所示，请进行相应帐务处理。

表 10-2　　　广州市某公司 2016 年 10 月会计科目发生额试算平衡表　　　单位：元

科目名称	借方金额	贷方金额
银行存款	1,700,068	1,074,000
应付票据		200,000
在途物资	300,000	300,000
应交税费（增值税）	113,992	340,000
应交税费（其他税）		117,640.54
原材料	499,600	500,000
其他货币资金		234,000
应收帐款	702,000	
主营业务收入		2,000,000
主营业务成本	1,200,000	
库存商品	1,390,000	1,200,000
固定资产	172,940	400,000
工程物资	300,000	
财务费用	300,000	
长期借款		
固定资产清理	41,000	41,000

表10-2(續)

科目名稱	借方金額	貸方金額
累計折舊	360,000	400,000
營業外支出	39,400	
應付利息		300,000
投資收益		60,000
生產成本	1,390,000	1,390,000
本年利潤		
管理費用	90,000	
應付職工薪酬		580,000
製造費用	340,000	340,000
所得稅費用	95,039.74	
銷售費用	20,000	
稅金及附加	22,600.8	
合計	9,276,640.54	9,276,640.54

(1) 將收入類帳戶的貸方發生額結轉到「本年利潤」帳戶中：

借：主營業務收入　　　　　　　　　　　　　　　2,000,000
　　投資收益　　　　　　　　　　　　　　　　　　　60,000
　貸：本年利潤　　　　　　　　　　　　　　　　2,060,000

(2) 將費用支出類帳戶的借方發生額結轉到「本年利潤」帳戶中：

借：本年利潤　　　　　　　　　　　　　　　　1,767,040.54
　貸：主營業務成本　　　　　　　　　　　　　　1,200,000
　　　營業外支出　　　　　　　　　　　　　　　　39,400
　　　所得稅費用　　　　　　　　　　　　　　　95,039.74
　　　財務費用　　　　　　　　　　　　　　　　300,000
　　　管理費用　　　　　　　　　　　　　　　　　90,000
　　　銷售費用　　　　　　　　　　　　　　　　　20,000
　　　稅金及附加　　　　　　　　　　　　　　　22,600.8

(3) 將「本年利潤」帳戶的貸方餘額結轉到「利潤分配」帳戶中：

借：本年利潤　　　　　　　　　　　　　　　　　292,956.46
　貸：利潤分配——未分配利潤　　　　　　　　　292,959.46

第十一章　所有者權益

【本章學習重點】

(1) 所有者權益的核算；
(2) 資本公積的核算；
(3) 留存收益的核算。

第一節　實收資本(股本)的核算

一、所有有者權益

所有者權益是指企業淨資產扣除負債後由所有者享有的剩餘權益。所有者權益由實收資本、資本公積、盈餘公積和未分配利潤四個部分構成。其中，盈餘公積和未分配利潤叫做留存收益。

二、實收資本

實收資本是指投資者投入到企業中的各項資產的價值。一般情況無需償還，可以長期週轉使用。在股份有限公司中被投資企業收到投資者投入的資本放在「股本」科目進行會計核算。

對於國有獨資公司來說，這種類型的企業組建時，所有者投入的資本全部作為實收資本入帳，不能發行股票，不會產生股票溢價的發行收入，也不會在追加投資時為維持一定的投資比例而產生資本公積。

公司發行股票取得的收入與股本總額往往不一致。公司發行收入大於股本總額的，稱為溢價發行；發行收入小於股本總額的，稱為折價發行；發行收入等於股本總額的，稱為面值發行。在中國，不允許折價發行股票。在溢價發行的情況下，應當將相當於股票面值的部分記入「股本」科目，其餘部分在扣除發行手續費、佣金等發行費用后的部分記入「資本公積（股本溢價）」科目。

如有新投資者介入，新介入的投資者繳納的出資額大於其按約定比例計算的其在註冊資本中所占的份額部分，不記入「實收資本」科目，而是記入「資本公積」科目。

三、實收資本（股本）的帳務處理

會計業務處理模板如下：

借：固定資產
　　銀行存款
　　庫存商品
　　原材料
　　週轉材料
　　應交稅費——應交增值稅——進項稅額
　　無形資產
　貸：實收資本
　　　股本
　　　資本公積——資本溢價

例 11-1：
　　2016 年 5 月 15 日，廣州 A 股份有限公司與廣州 B 股份有限公司經過協商達成如下協議：雙方共同組建廣州 C 股份有限公司，廣州 A 股份有限公司佔有廣州 C 股份有限公司註冊資本的 60%，廣州 B 股份有限公司佔有廣州 C 股份有限公司註冊資本的 40%，廣州 C 股份有限公司的註冊資本總額為 200 萬元。2016 年 5 月 30 日，廣州 A 股份有限公司將銀行存款 30 萬元、某種原材料市場公允價值 80 萬元投入廣州 C 股份有限公司，增值稅稅率為 17%，廣州 C 股份有限公司收到了增值稅稅專用發票。請編製相應會計分錄。

　借：銀行存款　　　　　　　　　　　　　　　　300,000
　　　原材料　　　　　　　　　　　　　　　　　800,000
　　　應交稅費——應交增值稅——進項稅額　　　136,000
　　貸：股本　　　　　　　　　　　　　　　　1,200,000
　　　　資本公積——資本溢價　　　　　　　　　36,000

例 11-2：
　　廣州 C 股份有限公司由廣州 A 股份有限公司、廣州 B 股份有限公司共同出資 200 萬元於 2007 年 6 月 30 日組建，到了 2016 年 10 月 30 日，有廣州 D 股份有限公司願意出資 80 萬元佔有廣州 C 股份有限公司 30% 的股份。廣州 A 股份有限公司、廣州 B 股份有限公司經過討論，同意廣州 D 股份有限公司的上述條款，資金已經到達廣州 C 股份有限公司的帳戶。請編製相應會計分錄。

　借：銀行存款　　　　　　　　　　　　　　　　800,000
　　貸：股本　　　　　　　　　　　　　　　　　600,000
　　　　資本公積——資本溢價　　　　　　　　　200,000

例 11-3：
　　廣州 A 股份有限公司於 2016 年 2 月 1 日發行股票 100,000 股，每股面值 10 元，發行價為 12 元，按發行價的 5% 向證券公司支付發行手續費，款項已存入銀行。請編製相應會計分錄。

　借：銀行存款　　　　　　　　　　　　　　　1,140,000
　　貸：股本　　　　　　　　　　　　　　　　1,000,000
　　　　資本公積——股本溢價　　　　　　　　　140,000

四、實收資本增減變動的會計處理

企業增加註冊資本的途徑有以下三條：
第一，將資本公積轉為實收資本或股本。
第二，將盈餘公積轉為實收資本或股本。
第三，所有者投入。
會計業務處理模板如下：
借：資本公積——資本溢價或股本溢價
　　盈餘公積
　貸：實收資本或股本

例 11-4：

經廣州 A 有限責任公司股東大會同意，廣州 A 有限責任公司將資本公積（股本溢價）52 萬元轉為股本。請編製相應會計分錄。

借：資本公積（資本溢價或股本溢價）　　　　　520,000
　貸：實收資本　　　　　　　　　　　　　　　　520,000

五、發放股票股利的會計處理

會計業務處理模板如下：
借：利潤分配——應付股票股利
　貸：股本
　　　資本公積——股本溢價

例 11-5：

廣州 A 股份有限公司董事會於 2016 年 3 月 15 日召開股東大會，決定向股東發放 2015 年的利潤。由於公司現金緊張等原因，經中國證監會同意，決定發放股票股利。此次發行的股票共 150,000 股，每股 10 元，實際發行價 12 元，同時向證券公司支付發行手續費用 10 萬元，發行過程已經結束。請編製相應會計分錄。

借：利潤分配——應付股票股利　　　　　　　1,700,000
　貸：股本　　　　　　　　　　　　　　　　　1,500,000
　　　資本公積——股本溢價　　　　　　　　　　200,000

六、實收資本減少的會計處理

實收資本減少的原因有兩種，一種是企業發生重大虧損需要減少實收資本，另一種是資本過剩。

庫存股是指由公司購回而沒有註銷，並由該公司持有的已發行股份。庫存股在回購後並不註銷，而由公司自己持有。企業應設置「庫存股」科目，核算企業收購、轉讓或註銷的本公司股份金額。「庫存股」科目屬於所有者權益類科目。

（一）企業發生重大虧損需要減少實收資本

按照《中華人民共和國公司法》的規定，投資者要想從被投資公司的盈利中分得

利潤，被投資公司前期不得存在虧損，若前期被投資公司存在虧損，首先要用本期實現的利潤彌補前期的虧損後，才能用剩餘的利潤進行利潤分配。但有些公司投資者為了多從被投資公司分回利潤，通過減少實收資本來彌補前期虧損的方式達到從被投資企業多分得利潤的目的。

(二) 資本過剩

1. 回購價高於股票發行價的帳務處理

回購的金額高於股本的金額，依次衝減「資本公積」帳戶金額、「盈餘公積」帳戶金額和「利潤分配」帳戶金額。首先衝減「資本公積」帳戶金額，此帳戶金額衝減完之後，再衝減「盈餘公積」帳戶金額，此帳戶金額衝減完以後，最後才能衝減「利潤分配」帳戶金額。

會計業務處理模板如下：

借：庫存股
　　貸：銀行存款
借：股本
　　資本公積——股本溢價
　　盈餘公積
　　利潤分配——未分配利潤
　　貸：庫存股

2. 回購價低於發行價的帳務處理

兩者之間的價格差異記入「資本公積」帳戶。

會計業務處理模板如下：

借：庫存股
　　貸：銀行存款
借：股本
　　貸：庫存股
　　　　資本公積——股本溢價

例 11-6：

廣州 A 股份有限公司於 2016 年 8 月 16 日經中國證監會批准，回購本公司對外發行的普通股 100,000 股，每股回購價為 14 元，當時發行時面值為 10 元，發行價為 12 元，發行時支付發行手續費 100,000 元。資本公積（股本溢價）帳戶金額為 100,000 元，盈餘公積帳戶為 120,000 元，利潤分配帳戶為 200,000 元。請編製相應會計分錄。

借：庫存股　　　　　　　　　　　　　　　　1,400,000
　　貸：銀行存款　　　　　　　　　　　　　　　1,400,000
借：股本　　　　　　　　　　　　　　　　　1,000,000
　　資本公積——股本溢價　　　　　　　　　　　100,000
　　盈餘公積　　　　　　　　　　　　　　　　　120,000
　　利潤分配——未分配利潤　　　　　　　　　　　80,000

　　　　貸：庫存股　　　　　　　　　　　　　　　　　　　　　　1,400,000

例 11-7：

　　2016 年 6 月 10 日，廣州 A 股份有限公司經中國證監會批准，回購本公司於 2005 年發行的某種股票，當時發行價為 12 元，發行時面值為 10 元，回購時每股支付了 9 元，共回購了 100,000 股。請編製相應會計分錄。

　　　　借：庫存股　　　　　　　　　　　　　　　　　　　　　　900,000
　　　　　　貸：銀行存款　　　　　　　　　　　　　　　　　　　　900,000
　　　　借：股本　　　　　　　　　　　　　　　　　　　　　　　1,000,000
　　　　　　貸：庫存股　　　　　　　　　　　　　　　　　　　　　900,000
　　　　　　　　資本公積——股本溢價　　　　　　　　　　　　　　100,000

第二節　資本公積的核算

一、資本公積的定義

　　資本公積是指企業收到投資者的超出其在企業註冊資本（或股本）中所占份額的投資以及直接計入所有者權益的利得或損失。資本公積的構成主要有資本溢價（股本溢價）和直接計入所有者權益的利得和損失。

　　資本溢價或股本溢價形成的原因有溢價發行股票、投資者超額繳入資本等。

二、有關資本公積的會計科目設置

　　為了正確核算資本公積，需要設置「資本公積——資本（股本）溢價」和「資本公積——其他資本公積」明細科目。其中，「資本公積——資本（股本）溢價」科目反應企業實際收到的資本（或股本）大於註冊資本的金額。

三、資本公積的構成

（一）資本或股本的溢價

　　按現行企業會計準則的有關規定，投資者投入到被投資企業超過其實收資本的金額應記入「資本公積」帳戶。對於溢價發行股票，從溢價發行收入中扣除發行費用後，再減去股票面值的后餘額，計入「資本公積」帳戶。

例 11-8：

　　廣州 A 股份有限公司於 2016 年 8 月增發 50,000 股股票，每股面值為 10 元，實際發行價為 12 元，發行費用為發行價格的 1%。款項已收到存入銀行。請編製相應會計分錄。

　　　　借：銀行存款　　　　　　　　　　　　　　　　　　　　　594,000
　　　　　　貸：股本　　　　　　　　　　　　　　　　　　　　　　500,000
　　　　　　　　資本公積——資本或股本溢價　　　　　　　　　　　94,000

(二) 其他資本公積的核算

1. 採用權益法核算的長期股權投資

在持股比例不變的情況下，被投資單位除淨損益以外所有者權益的其他變動，企業按持股比例計算應享有的份額。如果是利得，應當增加長期股權投資的帳面價值，同時增加資本公積（其他資本公積）；如果是損失，應編製相反的會計分錄。

例 11-9：
廣州 A 股份有限公司投資 200 萬元於廣州 B 股份有限公司，持有廣州 B 股份有限公司 40% 的股份。2016 年 2 月 15 日，廣州 B 股份有限公司聘請某評估公司對乙設備進行評估，增值了 200 萬元，企業所得稅稅率為 25%。請編製相應會計分錄。

借：長期股權投資　　　　　　　　　　　　　　　600,000
　　貸：資本公積（其他資本公積）　　　　　　　　600,000

2. 可供出售金融資產公允價值的變動

可供出售金融資產公允價值變動形成的利得，除減值損失和外幣貨幣性金融資產形成的匯兌差額外，借記「可供出售金融資產——公允價值變動」科目，貸記「資本公積（其他資本公積）」科目。公允價值變動形成的損失，編製相反的會計分錄。此內容在金融資產章節已經講過，不再贅述。

第三節　留存收益的核算

一、盈餘公積的核算

企業實現的利潤分配順序如下：

第一，提取法定公積金和法定公益金。法定公積金按照稅后利潤的 10% 的比例提取（非公司企業提取的比例可以高於這個比例）。當法定公積金累計數達到公司註冊資本的 50% 以上時，可以不再提取法定公積金。

法定公益金按照稅后利潤的 5%～10% 的比例提取。

【特別提示】
在提取法定盈餘公積金和法定公益金之前，應當用當期實現的利潤彌補前期發生的虧損，若前期的虧損沒有彌補完成，是不能提取盈餘公積的。

例 11-10：
廣州 A 有限責任公司 2013 年虧損 20 萬元，2014 年虧損 10 萬元，2015 年虧損 5 萬元，2016 年實現利潤 80 萬元。該公司的所得稅稅率為 25%，按 15% 的比例計提盈餘公積。請計算該公司當年應計提的盈餘公積是多少。

該公司當年的稅后利潤 =（80-20-10-5）×（1-25%）= 36.375（萬元）
當年應計提盈餘公積 = 36.375×15% = 5.456.25（萬元）

第二，提取任意公積金，提取的比例由企業自主決定。
第三，向投資者分配利潤或股利。

二、盈餘公積的用途

公益金主要是用於職工福利設施的支出，如購建職工宿舍、托兒所、理髮室等固定資產方面的支出。

盈餘公積的主要用途如下：

第一，用於彌補虧損。

第二，用於轉增資本。當用盈餘公積轉增資本時，留存的盈餘公積的比例不得低於註冊資本的25%。

第三，用於擴大生產經營

提取盈餘公積會計業務處理模板如下：

借：利潤分配——提取盈餘公積
　　貸：盈餘公積

例11-11：

廣州A有限責任公司2013年虧損20萬元，2014年虧損10萬元，2015年虧損5萬元，2016年實現利潤80萬元。該公司的所得稅稅率為25%，按15%的比例計提盈餘公積。請計算該公司當年應計提盈餘公積，並編製相應會計分錄。

該公司當年的稅后利潤=(80-20-10-5)×(1-25%)=33.75（萬元）

當年應計提盈餘公積=33.75×15%=5.062,5（萬元）

借：利潤分配——提取盈餘公積　　　　　　　　　5.062,5
　　貸：盈餘公積　　　　　　　　　　　　　　　　　　5.062,5

盈餘公積用於轉增資本或彌補虧損會計業務處理模板如下：

借：盈餘公積
　　貸：實收資本
　　　　股本
　　　　利潤分配——未分配利潤

例11-12：

2016年2月15日廣州A有限責任公司的董事會決定用公司的盈餘公積15萬元彌補前期的虧損，2016年6月20日經公司股東大會表決通過后執行。請編製相應會計分錄。

借：盈餘公積　　　　　　　　　　　　　　　　　150,000
　　貸：利潤分配——未分配利潤　　　　　　　　　　　150,000

公益金使用的會計業務處理模板如下：

（1）購建固定資產時：

借：固定資產
　　在建工程
　　貸：銀行存款

借：盈餘公積——法定公益金
　　貸：盈餘公積——任意公益金

（2）處置固定資產時：
借：盈餘公積——任意公益金
　　貸：盈餘公積——法定公益金

例 11-13：

廣州 A 股份有限公司的工會為員工食堂購買電視機 2 臺，用銀行存款支付 8,200 元。請編製相應會計分錄。

借：固定資產	8,200	
貸：銀行存款		8,200
借：盈餘公積——法定公益金	8,200	
貸：盈餘公積——任意公益金		8,200

三、利潤分配的會計處理

將本年實現的淨利潤轉入利潤分配的會計業務處理模板如下：
借：本年利潤
　　貸：利潤分配——未分配利潤

提取盈餘公積及分配股利時的會計業務處理模板如下：
借：利潤分配——盈餘公積
　　　利潤分配——應付現金股利
　　　利潤分配——應付股票股利
　　貸：盈餘公積
　　　　應付股利
　　　　股本
　　　　資本公積

將利潤分配帳戶的借方明細發生額轉入貸方未分配利潤的會計業務處理模板如下：
借：利潤分配——未分配利潤
　　貸：利潤分配——盈餘公積
　　　　利潤分配——應付現金股利
　　　　利潤分配——應付股票股利

例 11-14：

廣州 A 股份有限公司 2016 年當年實現了利潤總額為 100 萬元，公司的盈餘公積提取的比例為 15%，所得稅稅率為 25%，並準備用現金向投資者分配利潤 20 萬元。假設以前年度沒有未彌補的虧損額。請編製相應會計分錄。

（1）將本年實現的淨利潤轉入利潤分配中：

借：本年利潤	750,000	
貸：利潤分配——未分配利潤		750,000

（2）提取盈餘公積及分配股利：

借：利潤分配——盈餘公積	112,500	
貸：盈餘公積		112,500

(3) 分配現金股利：
借：利潤分配——應付現金股利　　　　　　　　　200,000
　貸：應付股利　　　　　　　　　　　　　　　　　　　　200,000
(4) 將利潤分配帳戶的借方明細發生額轉入貸方未分配利潤中：
借：利潤分配——未分配利潤　　　　　　　　　　312,500
　貸：利潤分配——盈餘公積　　　　　　　　　　　　　112,500
　　　利潤分配——應付現金股利　　　　　　　　　　　200,000

第十二章　財務報告

【本章學習重點】
（1）利潤表的編製；
（2）資產負債表的編製。

第一節　財務報告概述

一、財務報告的定義及分類

（一）財務報告的定義

財務報告是指企業對外提供的反應企業某一特定日期的財務狀況和某一會計期間的經營成果、現金流量等會計信息的文件。

財務報告的構成如下：
（1）資產負債表。
（2）利潤表。
（3）現金流量表。
（4）所有者權益變動表。
（5）附註。

（二）財務報告的分類

按報表的期間可以分為中期財務報表和年度報表；按報表的主體可以分為個別會計報表和合併報表。

二、財務報表編製的要求

（一）遵循各項會計準則進行確認和計量

應當根據實際發生的交易和事項，遵循各項具體會計準則的規定進行確認和計量，並在此基礎上編製財務報表。

（二）列報基礎

持續經營是會計的基本前提，是會計確認、計量及編製財務報表的基礎。在編製財務報表的過程中，應當對企業持續經營能力進行評價。

出現了下列情況，表明企業處於非持續經營狀態：

（1）企業已在當期進行清算或停止營業。

（2）企業已正式在下一個會計期間進行清算或停止營業。

（3）企業已確定在當期或下一個會計期間沒有其他可選擇的方案而將被迫進行清算或停止營業。

在非持續經營的情況下，企業應當在附註中聲明財務報表未以持續經營為基礎列報，披露未以持續經營為基礎的原因以及財務報表的編製基礎。

（三）重要性和項目列報

性質或功能不同的項目，一般應當在財務報表中單獨列報，但是不具有重要性的項目可以合併列報。

性質或功能類似的項目，一般可以合併列報，但是對其具有重要性的類別應該單獨列報。

項目的單獨列報不僅適用於報表，還適用於附註，某些項目的重要性程度不足以在資產負債表、利潤表、現金流量表、所有者權益變動表中單獨列報，但是可能對附註而言具有重要性，在這種情況下應當在附註中單獨披露。

無論是財務報表列報的項目還是其他會計準則規定的單獨列報的項目，都必須單獨列報。

（四）列報的一致性

同一企業不同期間和同一期間不同企業的財務報表應當相互可比。但是出現了下列情況是可以變更的：

（1）會計準則要求可以改變。

（2）企業經營業務的性質發生重大變化後，變更財務報表項目的列報能夠提供更可靠、更相關的會計信息。

（五）財務報表項目金額

財務報表項目應當以總額列報，資產、負債、收入和費用不能相互抵銷。

下列情況下不屬於抵銷：

（1）資產項目按扣除減值準備后的淨額列示。

（2）非日常活動的發生具有偶然性，並非企業主要的業務，從重要性來講，非日常活動產生的損益以收入扣減費用后的淨額列示，更有利於報表使用者的理解。

（六）比較信息的列報

企業在列報當期財務報表時，至少應當提供所有項目上一可比會計期間的比較數據和與理解當期財務報表相關的說明。

在財務報表項目的列報的確需要發生變更的情況下，企業應當對上期比較數據按照當期列報的要求進行調整，並在附註中披露調整的原因和性質。但是在某些特殊情況下，對上期比較數據進行調整是不切實可行的，則應當在附註中披露不能調整的原因。

（七）財務報表表首列報的要求

表首應當有編製企業的名稱、具體的編製時間或會計期間、貨幣的名稱和單位等。

（八）報告期間

企業至少應當編製年度財務報表。

第二節　利潤表和利潤分配表

一、利潤表的定義與格式

（一）利潤表的定義

利潤表是反應企業一定期間生產經營成果的會計報表，主要反應企業當前實現的利潤，同時又可以預測企業將來一定的獲利能力。

（二）利潤表的格式

利潤表的格式如表 12-1 所示：

表 12-1　　　　　　　　　　　　　　　利潤表

編製單位：××公司　　　　　　　　　　年　月　日　　　　　　　　　　單位：元

項目	行次	本月數	本年累計數
一、營業收入	1		
減：營業成本	2		
稅金及附加	3		
銷售費用	4		
管理費用	5		
財務費用	6		
資產減值損失	7		
加：公允價值變動損益	8		
投資收益	9		
二、營業利潤	10		
加：營業外收入	11		
減：營業外支出	12		
三、利潤總額	13		
減：所得稅費用	14		
四、淨利潤	15		

二、利潤表中相關項目的填列方法

第一，營業收入反應企業經營主要業務和其他業務所確認的收入總額，是根據「主營業務收入」和「其他業務收入」科目的貸方發生額填列的。

第二，營業成本是反應經營主要業務和其他業務所發生的成本總額，應根據「主營業務成本」和「其他業務成本」科目的借方發生額填列。

第三，稅金及附加反應企業經營業務應負擔的消費稅、城市維護建設稅、資源稅、土地增值稅、教育費附加、房產稅、土地使用稅、車船使用稅、印花稅等，應根據「稅金及附加」科目的借方發生額填列。

第四，一般情況下，銷售費用根據「銷售費用」科目的借方發生額直接填列。若有時貸方發生額也有數據，只能根據借方發生額的合計數減去貸方發生額的合計數的差額填列在該項目中。

第五，一般情況下，管理費用根據「管理費用」科目的借方發生額直接填列。若有時貸方發生額也有數據，只能根據借方發生額的合計數減去貸方發生額的合計數的差額填列在該項目中。

第六，一般情況下，財務費用根據「財務費用」科目的借方發生額直接填列。若有時貸方發生額也有數據，只能根據借方發生額的合計數減去貸方發生額的合計數的差額填列在該項目中。

第七，資產減值損失是根據「資產減值損失」科目的借方發生額直接填列的。

第八，公允價值變動收益是根據「公允價值變動損益」科目的發生額分析填列的。若為淨損失，該項目以負號填列。

第九，投資收益是根據「投資收益」科目的發生額直接填列的。若為投資損失，以負號填列。

第十，營業外收入是根據「營業外收入」科目的貸方發生額直接填列的。

第十一，營業外支出是根據「營業外支出」科目的借方發生額直接填列的。

第十二，所得稅費用是根據「所得稅費用」科目的借方發生額直接填列的。

【特別提示】

在實際工作中，一定要先編製利潤表，然后才能編製資產負債表，只有利潤表中的「淨利潤」項目數據出來了，才能填列資產負債表中的「未分配利潤」項目。

三、利潤分配表的定義與格式

(一) 利潤分配表的定義

利潤分配表是用來反應企業一定期間對實現的淨利潤的分配或虧損彌補的會計報表，是利潤表的附表。

(二) 利潤分配表的格式

利潤分配表的格式如表 12-2 所示：

表 12-2　　　　　　　　　　利潤分配表

編製單位：××公司　　　　　　　　年度　　　　　　　　　　　　　單位：元

項目	行次	本年實際	上年實際
一、淨利潤	1		
加：年初未分配利潤	2		
其他轉入	3		
二、可供分配利潤	4		
減：提取的法定盈餘公積	5		
提取的法定公益金	6		
三、可供投資者分配的利潤	7		
減：應付優先股股利	8		
提取的任意盈餘公積	9		
提取的任意公益金	10		
應付普通股股利	11		
轉作股本的普通股股利	12		
四、未分配利潤	13		

第三節　資產負債表

一、資產負債表的定義

資產負債表是反應企業某一特定日期財務狀況的會計報表，可以利用資產負債表來獲取企業的短期償債能力、長期償債能力等信息。

二、資產負債表的作用

第一，瞭解企業在某一特定日期所擁有的資產總量及其結構。

第二，可以提供某一日期的負債總額及其結構，從而斷定將來的短期償債能力和長期償債能力。

第三，可以斷定資本保值、增值的情況以及對負債的保障情況。

三、資產負債表的構成（按帳戶式反應）

資產負債表的構成如表 12-3 所示。

表 12-3　　　　　　　　　　　　　　資產負債表

編製單位：　　　　　　　　　　　年　月　日　　　　　　　　　　　　單位：元

資產	年初數	期末數	負債及股東權益	年初數	期末數
貨幣資金			流動負債		
短期投資			短期借款		
應收票據			應付票據		
應收股利			應付帳款		
應收利息			預收帳款		
應收帳款淨額			應付工資		
其他應收款			應付股利		
預付帳款			應交稅費		
應收補貼款			其他應付款		
存貨			一年內到期的長期負債		
一年內到期的長期債權投資			其他流動負債		
其他流動資產			流動負債合計		
流動資產合計			長期負債		
長期股權投資			長期借款		
長期債權投資			應付債券		
長期投資合計			長期應付款		
固定資產			專項應付款		
固定資產淨值			其他長期負債		
固定資產淨額			長期負債合計		
工程物資			遞延稅項		
在建工程			遞延稅款貸項		
固定資產清理			負債合計		
固定資產合計			實收資本		
無形資產			資本公積		
長期待攤費用			盈餘公積		
其他長期資產			未分配利潤		
遞延稅項			所有者權益合計		
遞延稅款借項					
資產合計			負債及所有者權益總計		

四、資產負債表的編製方法

(一) 根據會計科目的總帳餘額直接填列

根據會計科目的總帳餘額直接填列就是說總帳的餘額是多少金額，在會計報表中的相關項目就直接填列多少金額。例如，「應付票據」「短期借款」等會計帳戶。

(二) 根據會計科目的總帳餘額計算填列

根據會計科目的總帳餘額計算填列就是說會計報表中的有關項目的金額是根據若干個總帳科目的餘額合計數填列的。例如，「貨幣資金」項目是根據「庫存現金」「銀行存款」「其他貨幣資金」三個總帳科目的餘額加總填列的。又如，「存貨」項目的金額是根據「原材料」「庫存商品」「週轉材料」「生產成本」「委託加工物資」等總帳科目的餘額加總填列的。

(三) 根據會計科目的明細帳餘額分析填列

例如，「應收帳款」「預收帳款」「應付帳款」「預付帳款」等項目不能根據總帳科目直接填列，而是要根據有關的會計科目的明細科目進行分析后填列。

例 12-1：

應收帳款（A公司）10萬元，應收帳款（B公司）20萬元，應收帳款（C公司）-5萬元；預收帳款（甲公司）2萬元，預收帳款（乙公司）-3萬元。請分析計算應收帳款和預收帳款金額分別是多少。

解析： 應收帳款的餘額在貸方，它的性質已經發生了改變，變成了企業的負債；預收帳款的餘額在借方，它的性質已經發生了改變，變成了企業的資產。

因此，在資產負債表上填列的應收帳款的金額 = 10+20+3 = 33萬元；預收帳款的金額 = 2+5 = 7萬元。

例 12-2：

預付帳款（A公司）5萬元，預付帳款（B公司）15萬元，預付帳款（A公司）-3萬元；應付帳款（甲公司）20萬元，應付帳款（乙公司）10萬元，應付帳款（丙公司）-5萬元。請分析計算應付帳款和預付帳款金額分別是多少。

解析： 預付帳款的餘額在貸方，它的性質已經發生了改變，變成了負債；應付帳款的餘額在借方，它的性質已經發生了改變，變成了資產。

因此，此時資產負債表上預付帳款應填列的金額 = 5+15+5 = 25萬元；應付帳款的金額 = 20+10+3 = 33萬元。

(四) 根據會計科目總帳餘額和會計科目明細帳餘額分析填列

其涉及帳戶主要是「長期借款」「長期應付款」「應付債券」「持有至到期投資」「可供出售金融資產」「長期應收款」，對於將於一年內到期的「長期借款」「長期應付款」「應付債券」「持有至到期投資」「可供出售金融資產」「長期應收款」這類帳戶的金額在帳務上不需要進行會計處理。也就是說，並沒有將於一年內到期的「長期借款」「長期應付款」「應付債券」「持有至到期投資」「可供出售金融資產」「長期應收款」

分別轉入「短期借款」「交易性金融資產」等有關會計帳戶中，將其金額仍保留在這些帳戶中，但在編製會計報表時，應當從這些帳戶中分離出來，填入「一年內到期的非流動資產」「一年內到期的非流動負債」項目中。

例 12-3：

廣州 A 股份有限公司於 2016 年 1 月 1 日將 60 萬元銀行存款購買廣東甲公司發行的債券，合同中規定債券的發行期為 3 年。2014 年 1 月 1 日 A 公司購買廣東 B 股份有限公司發行的債券 100 萬元，合同中規定債券的發行期為 4 年。購買後 A 公司準備持有至債券到期。請分析 2016 年年末一年內到期的非流動資產和持有至到期投資的金額分別為多少。

解析：2016 年年末在資產負債表上填列的一年內到期的非流動資產為 100 萬元，持有至到期投資為 60 萬元。

(五) 根據會計科目餘額減去其備抵會計科目后的淨額填列

應收帳款淨額＝應收帳款－壞帳準備
固定資產淨值＝固定資產原價－累計折舊

五、資產負債表有關項目的具體填列方法

第一，「貨幣資金」根據「庫存現金」「銀行存款」「其他貨幣資金」三個會計科目的總帳餘額總和填列。

第二，「交易性金融資產」是根據「交易性金融資產」會計科目的總帳餘額填列的。

第三，「應收票據」根據「應收票據」總帳餘額直接填列。若計提了壞帳準備，還應以減掉已經計提壞帳準備后的金額填寫。

第四，「應收股利」根據「應收股利」總帳餘額直接填列。

第五，「應收利息」根據「應收利息」總帳餘額直接填列。

第六，「應收帳款淨額」要根據每個帳戶的具體項目明細分析填列。同時要注意的是，此項目要以減去「壞帳準備」帳戶后的餘額填列。

第七，「其他應收帳款」根據「其他應收帳款」會計科目總帳餘額直接填列。若已經計提了壞帳準備的，還要以減掉已經計提的壞帳準備后的金額填寫。

第八，「預付帳款」不能根據該帳戶的總帳餘額直接填列，要根據各個明細項目分析填列。

第九，「存貨」是根據「原材料」「庫存商品」「生產成本」「產成品」「委託加工物資」「週轉材料」「委託代銷商品」「材料採購」這幾個帳戶的總帳餘額的總和減去「受託代銷商品款」「存貨跌價準備」科目后的餘額的金額填列的。如果材料採用計劃成本核算，庫存商品採用計劃成本核算或售價核算，還應以加或減去材料成本差異、商品進銷差價后的金額填寫。

例 12-4：

A 公司於 2016 年 1 月 1 日用 80 萬元銀行存款購買甲公司發行的債券，合同規定時

間為2年，準備持有時間為25年。2016年1月1日A公司又購買某公司債券100萬元，合同規定時間為5年，準備持有時間為5年。請分析A公司2016年年末一年內到期的非流動資產和持有至到期投資分別為多少。

解析：2016年年末A公司資產負債表上填列的一年內到期的非流動資產為80萬元，持有至到期投資為100萬元。

第十，「可供出售的金融資產」是反應持有的以公允價值計量的可供出售的股票投資、債券投資等金融資產。該項目是根據「可供出售金融資產」的總帳餘額直接填列的，若已經計提了減值準備的，還要扣除已經計提的減值準備后填列。

第十一，「持有至到期投資」是反應企業持有的以攤餘成本計量的持有至到期投資。該項目是根據「長期股權投資」帳戶的總帳餘額直接填列的。若已經計提了減值準備的，還要扣除已經計提的減值準備后填列。

第十二，「長期應收款」是根據總帳餘額減去相應的未實現的「融資收益」科目和「壞帳準備」科目所屬相關明細科目期末餘額后的金額填列的。

第十三，「長期股權投資」是根據該帳戶的餘額直接填列的。若已經計提了減值準備的，還要扣除已經計提的減值準備后填列。

【特別提示】

對於上述「可供出售金融資產」「持有至到期投資」「長期應收款」「長期股權投資」等帳戶中的金額距離到期還只有一年的時間時，應將這些金額從這幾個帳戶中扣除，填到「一年內到期的非流動資產」項目中。要想做到準確填列資產負債表中的這些項目，平時要做好臺帳等基礎性工作。

第十四，「固定資產淨值」是根據固定資產原價減去累計折舊和固定減值準備後的餘額直接填列的。

第十五，「工程物資」是根據「工程物資」總帳餘額填列的。

第十六，「在建工程」是根據「在建工程」總帳餘額減去在建工程減值準備後的金額后填列的。

第十七，「固定資產清理」是根據「固定資產清理」總帳餘額填列的。如果餘額在貸方，此處用負數表示。

第十八，「無形資產」是根據「無形資產」總帳金額減去無形資產減值準備和累計攤銷的金額直接填列的。

第十九，「開發性支出」反應企業開發無形資產過程中能夠資本化形成無形資產成本的支出部分。該項目應根據「研發支出」所屬的「資本性支出」明細科目期末餘額填列。

第二十，「長期待攤費用」是根據是「長期待攤費用」總帳餘額直接填列的。長期待攤費用中的一年內（含一年內）攤銷部分在資產負債表中的「一年內到期的非流動資產」項目填列。

第二十一，「遞延所得稅資產」是要根據「遞延所得稅資產」借方發生額填列的。

第二十二，「短期借款」是「根據短期借款」總帳餘額直接填列的。

第二十三，「應付票據」是根據「應付票據」總帳餘額直接填列的。

第二十四，「應付帳款」根據每個明細帳戶的餘額性質分析填列，不能根據總帳餘額直接填列。

例 12-5：

預付帳款（A 公司）5 萬元，預付帳款（B 公司）15 萬元，預付帳款（C 公司）-3 萬元；應付帳款（甲公司）20 萬元，應付帳款（乙公司）10 萬元，應付帳款（丙公司）-5 萬元。請分析預付帳款和應付帳款應填列的金額分別是多少。

解析：由於預付帳款帳戶的餘額在貸方，已經變成了負債；應付帳款帳戶的餘額在借方，已經變成了資產，因此此時資產負債表上預付帳款應填列的金額是 5+15+5＝25 萬元，應付帳款的金額是 20+10+3＝33 萬元。

第二十五，「預收帳款」是根據「預收帳款」的明細帳戶性質分析填列的，不能根據總帳餘額直接填列。

例 12-6：

應收帳款（A 公司）10 萬元，應收帳款（B 公司）20 萬元，應收帳款（C 公司）-5 萬元；預收帳款（甲公司）2 萬元，預收帳款（乙公司）-3 萬元。請分析應收帳款和預收帳款應填列的金額分別是多少。

解析：由於應收帳款帳戶的餘額在貸方，已經變成了負債；預收帳款帳戶的餘額在借方，已經變成了資產，因此此時資產負債表上填列的應收帳款的金額是 10+20+3＝33 萬元。預收帳款的金額是 5+2＝7 萬元。

第二十六，「應付職工薪酬」是按國家相關規定應付給職工的工資、職工福利、社會保險、住房公積金、工會經費、職工教育經費、非貨幣性福利、辭退福利等各種薪酬。外商投資企業按規定從淨利潤中提取的職工獎勵及福利基金也在該項目內列示。

第二十七，「應付股利」是根據「應付股利」總帳餘額直接填列的，但發放的股票股利不在該項目內列示。

第二十八，「應交稅費」是根據「應交稅費」總帳餘額直接填列的，包括增值稅、消費稅、所得稅、資源稅、土地增值稅、城市維護建設稅、房產稅、土地使用稅、車船使用稅、教育費附加、礦產資源補償費等，企業代扣代繳的個人所得稅也通過該項目列示。企業繳納的稅金不需要預計應交數的，如印花稅、耕地占用稅等，不在該項目內列示。如應交稅費的餘額在借方，以負號列示。

第二十九，「其他應付款」是根據「其他應付款」總帳餘額直接填列的。

第三十，「應付利息」是根據「應付利息」期末餘額直接填列的。

第三十一，「應付股利」是根據「應付股利」期末餘額直接填列的，企業分配的股票股利不通過該項目列示。

第三十二，「一年內到期的非流動負債」是反應非流動負債項目中將於資產負債表日後一年內到期部分的金額。

第三十三，「長期借款」是反應企業向銀行和其他金融機構借入的期限在一年以上（不含一年）的各項借款，一年以內的借款將會填在「一年內到期的非流動負債」項目中。

例 12-7：

廣州 A 股份有限公司於 2016 年 1 月 1 日向中國工商銀行廣州分行借款 100 萬元，借款期限為 6 年。A 公司於 2015 年 1 月 1 日向中國建設銀行廣州分行借款 200 萬元，借款期限為 3 年。在 2016 年 12 月 31 日編製資產負債表時，應將建設銀行借款 200 萬元填入「一年內到期的非流動負債」項目中，而不應填在「長期借款項目」中。

第三十四，「預計負債」是根據「預計負債」帳戶餘額直接填列的。

第三十五，「應付債券」是根據「應付債券」帳戶總帳餘額直接填列的。

第三十六，「長期應付款」是根據「長期應付款」帳戶總帳餘額減去「未確認融資費用」科目餘額直接填列的。

第三十七，「遞延所得稅款負債」是根據「遞延所得稅負債」科目的貸方發生額直接填列的。

第三十八，「實收資本」是根據「實收資本或股本」帳戶的總帳餘額填列的。

第三十九，「資本公積」是根據「資本公積」帳戶的總帳餘額直接填列的。

第四十，「庫存股」反應企業持有尚未轉讓或註銷的本公司股份金額，該項目應根據「庫存股」科目的期末餘額填列。

第四十一，「盈餘公積」是根據「盈餘公積」帳戶的總帳餘額直接填列的。

第四十二，「未分配利潤」是根據「利潤分配」帳戶的總帳餘額直接填列的。若餘額在借方，此處填負數。

例 12-8：

廣州 A 股份公司為增值稅一般納稅人，增值稅稅率為 17%，所得稅稅率為 25%，該公司 2016 年 1 月 1 日有關科目餘額如表 12-4 所示：

表 12-4　　　　　　　　　　　科目餘額表　　　　　　　　　　　單位：元

科目名稱	借方金額	科目名稱	貸方金額
庫存現金	4,000	短期借款	600,000
銀行存款	2,560,000	應付票據	400,000
其他貨幣資金	248,600	應付帳款	1,907,600
交易性金融資產	30,000	其他應付款	100,000
應收票據	492,000	應付職工薪酬	220,000
應收帳款	600,000	應交稅費	73,200
壞帳準備	-1,800	應付利息	2,000
預付帳款	200,000	長期借款	1,200,000
其他應收款	10,000	其中一年內到期長期負債	2,000,000
材料採購	450,000	股本	10,000,000
原材料	1,100,000	盈餘公積	200,000
週轉材料（包裝物）	76,100	利潤分配（未分配利潤）	-100,000
週轉材料（低值易耗品）	100,000		
庫存商品	3,433,900		

表12-4(續)

科目名稱	借方金額	科目名稱	貸方金額
長期股權投資	500,000		
固定資產	3,000,000		
累計折舊	-800,000		
在建工程	3,000,000		
無形資產	1,200,000		
長期待攤費用	400,000		
合計	16,602,800		16,602,800

該公司2016年1月發生以下業務，請根據相關業務編製相應會計分錄，並編製1月會計科目試算平衡表、利潤表、資產負債表。

(1) 1月2日收到銀行通知，用銀行存款支付到期的商業承兌匯票200,000元，增值稅已於前期支付。

借：應付票據　　　　　　　　　　　　　　　　　　　200,000
　貸：銀行存款　　　　　　　　　　　　　　　　　　200,000

(2) 1月3日購入原材料一批，用銀行存款支付貨款300,000元，增值稅進項稅額51,000元，取得增值稅專用發票，款項已付。材料尚未收到。

借：在途物資　　　　　　　　　　　　　　　　　　　300,000
　　應交稅費——應交增值稅——進項稅額　　　　　　51,000
　貸：銀行存款　　　　　　　　　　　　　　　　　　351,000

(3) 1月15日收到原材料一批，實際成本為300,000元，材料已驗收入庫。

借：原材料　　　　　　　　　　　　　　　　　　　　300,000
　貸：在途物資　　　　　　　　　　　　　　　　　　300,000

(4) 1月6日用銀行匯票支付材料採購價款，收到開戶銀行轉來銀行匯票多餘款收帳通知，通知單上填寫的多餘金額為468元，支付不含稅的材料及運費199,600元，支付增值稅33,932元，取得了增值稅專用發票。原材料已驗收入庫。

借：原材料　　　　　　　　　　　　　　　　　　　　199,600
　　應交稅費——應交增值稅——進項稅額　　　　　　33,932
　　銀行存款　　　　　　　　　　　　　　　　　　　468
　貸：其他貨幣資金　　　　　　　　　　　　　　　　234,000

(5) 1月7日銷售產品一批給廣州乙公司，銷售價款為600,000元（不含應收取的增值稅）。該批產品實際成本為360,000元。產品已發出，價款未收到。

借：應收帳款　　　　　　　　　　　　　　　　　　　702,000
　貸：主營業務收入　　　　　　　　　　　　　　　　600,000
　　　應交稅費——應交增值稅——銷項稅額　　　　　102,000
借：主營業務成本　　　　　　　　　　　　　　　　　360,000
　貸：庫存商品　　　　　　　　　　　　　　　　　　360,000

（6）1月8日購入不需要安裝的生產設備1臺，價款為170,940元，增值稅進項稅額為29,060元，取得了增值稅專用發票，發生的運費為2,000元，沒有取得運輸專用發票。價款、稅款及運費均以銀行存款支付。設備已交付使用。該設備生產的產品是需要繳納增值稅的。

  借：固定資產   172,940
    應交稅費——應交增值稅——進項稅額   29,060
   貸：銀行存款   202,000

（7）1月10日，購入工程物資一批，價款為300,000（含已支付的增值稅），已用銀行存款支付。該工程物資是準備用來建造生產廠房的。

  借：工程物資   300,000
   貸：銀行存款   300,000

（8）前期借款用來建造一項生產設備，該項生產設備已經完工投入生產使用。1月30日計算本月應負擔的長期借款利息為300,000元，該項借款本息未付。

  借：財務費用   300,000
   貸：應付利息   300,000

（9）1月20日基本生產車間1臺機床報廢，原價400,000元，已提折舊360,000元，發生清理費用1,000元，取得殘值收入1,600元，均通過銀行存款收支。該項固定資產已清理完畢。

  借：固定資產清理   40,000
    累計折舊   360,000
   貸：固定資產   400,000
  借：固定資產清理   1,000
   貸：銀行存款   1,000
  借：銀行存款   1,600
   貸：固定資產清理   1,600
  借：營業外支出   39,400
   貸：固定資產清理   39,400

（10）1月21日銷售產品一批，銷售價款為1,400,000元，應收取的增值稅銷項稅額為238,000元，銷售產品的實際成本840,000元，貨款及稅款已存入銀行。

  借：銀行存款   1,638,000
   貸：主營業務收入   1,400,000
    應交稅費——應交增值稅——銷項稅額   238,000
  借：主營業務成本   840,000
   貸：庫存商品   840,000

（11）1月22日收到北京一家公司丙的捐款60,000元，已存入銀行。

  借：銀行存款   60,000
   貸：營業外收入   60,000

（12）1月28日計提應付的職工工資580,000元，分配計入有關成本費用中。其中，生產人員工資550,000元，行政管理人員工資30,000元。

借：生產成本　　　　　　　　　　　　　　　　　　　550,000
　　管理費用　　　　　　　　　　　　　　　　　　　　30,000
　貸：應付職工薪酬　　　　　　　　　　　　　　　　　580,000

（13）本月基本生產車間為生產產品領用原材料，成本為500,000元。

借：生產成本　　　　　　　　　　　　　　　　　　　500,000
　貸：原材料　　　　　　　　　　　　　　　　　　　　500,000

（14）1月30日計提固定資產折舊400,000元，其中計入製造費用340,000元，計入管理費用60,000元。

借：製造費用　　　　　　　　　　　　　　　　　　　340,000
　　管理費用　　　　　　　　　　　　　　　　　　　　60,000
　貸：累計折舊　　　　　　　　　　　　　　　　　　　400,000

（15）1月31日將本期的製造費用轉入生產成本。

借：生產成本　　　　　　　　　　　　　　　　　　　340,000
　貸：製造費用　　　　　　　　　　　　　　　　　　　340,000

（16）1月31日計算並結轉本期完工產品成本1,390,000元，沒有期初在產品，本期生產的產品全部完工入庫。

借：庫存商品　　　　　　　　　　　　　　　　　　1,390,000
　貸：生產成本　　　　　　　　　　　　　　　　　　1,390,000

（17）1月25日用銀行存款支付產品展覽費20,000元。

借：銷售費用　　　　　　　　　　　　　　　　　　　20,000
　貸：銀行存款　　　　　　　　　　　　　　　　　　　20,000

（18）1月31日計算本期應繳納的增值稅、城市維護建設稅（7%）、教育費附加。

應交的城市維護建設稅＝226,008×0.07＝15,820.56（元）

應交的教育費附加＝226,008×0.03＝6,780.24（元）

借：稅金及附加　　　　　　　　　　　　　　　　　　22,600.8
　貸：應交稅費——應交城市維護建設稅　　　　　　　15,820.56
　　　應交稅費——教育費附加　　　　　　　　　　　6,780.24

（19）1月31日將各收支科目發生額結轉至本年利潤帳戶中。

借：本年利潤　　　　　　　　　　　　　　　　　　1,672,000.8
　貸：主營業務成本　　　　　　　　　　　　　　　　1,200,000
　　　稅金及附加　　　　　　　　　　　　　　　　　　22,600.8
　　　管理費用　　　　　　　　　　　　　　　　　　　90,000
　　　營業外支出　　　　　　　　　　　　　　　　　　39,400
　　　銷售費用　　　　　　　　　　　　　　　　　　　20,000
　　　財務費用　　　　　　　　　　　　　　　　　　　300,000

借：主營業務收入　　　　　　　　　　　　　　　　2,000,000
　　營業外收入　　　　　　　　　　　　　　　　　　　60,000
　貸：本年利潤　　　　　　　　　　　　　　　　　　2,060,000

　　該公司2016年1月會計科目試算平衡表、利潤表、資產負債表分別如表12-5、表12-6、表12-7所示：

表12-5　　　　　　　　1月會計科目試算平衡表　　　　　　　　單位：元

科目名稱	借方金額	貸方金額
銀行存款	1,700,068.00	1,074,000.00
應付票據	200,000.00	
在途物資	300,000.00	300,000.00
應交稅費（增值稅）	113,992.00	340,000.00
應交稅費（其他稅種）		22,600.80
原材料	499,600.00	500,000.00
其他貨幣資金		234,000.00
應收帳款	702,000.00	
主營業務收入	2,000,000.00	2,000,000.00
主營業務成本	1,200,000.00	1,200,000.00
庫存商品	1,390,000.00	1,200,000.00
固定資產	172,940.00	400,000.00
工程物資	300,000.00	
財務費用	300,000.00	300,000.00
固定資產清理	41,000.00	41,000.00
累計折舊	360,000.00	400,000.00
營業外支出	39,400.00	39,400.00
應付利息		300,000.00
營業外收入	60,000.00	60,000.00
生產成本	1,390,000.00	1,390,000.00
本年利潤	1,672,000.80	2,060,000.00
管理費用	90,000.00	90,000.00
應付職工薪酬		580,000.00
製造費用	340,000.00	340,000.00
銷售費用	20,000.00	20,000.00
稅金及附加	22,600.80	22,600.80
合計	12,913,601.60	12,913,601.60

表 12-6　　　　　　　　　　　　利潤表

編製單位：廣州 A 股份有限公司　　2016 年 1 月　　　　　　　　　　　　單位：元

項目	行次	本月數	本年累計數
一、營業收入	1	2,000,000	2,000,000
減：營業成本	2	1,200,000	1,200,000
稅金及附加	3	22,600.8	22,600.8
銷售費用	4	20,000	20,000
管理費用	5	90,000	90,000
財務費用	6	300,000	300,000
資產減值損失	7	0	0
加：公允價值變動收益	8	0	0
投資收益	9	0	0
二、營業利潤	10	367,399.2	367,399.2
加：營業外收入	11	60,000	60,000
減：營業外支出	12	39,400	39,400
三、利潤總額	13	387,999.2	387,999.2
減：所得稅費用	14	0	0
四、淨利潤	15	387,999.2	387,999.2

表 12-7　　　　　　　　　　　　資產負債表

編製單位：廣州 A 股份有限公司　　2016 年 1 月 31 日　　　　　　　　　單位：元

資產	期初金額	期末金額	負債及所有者權益	期初金額	期末金額
貨幣資金	2,812,600.00	3,204,668.00	短期借款	600,000.00	600,000.00
交易性金融資產	30,000.00	30,000.00	應付票據	400,000.00	200,000.00
應收票據	492,000.00	492,000.00	應付帳款	1,907,600.00	1,907,600.00
應收帳款淨額	598,200.00	1,300,200.00	其他應付款	100,000.00	100,000.00
預付帳款	200,000.00	200,000.00	應付職工薪酬	220,000.00	800,000.00
其他應收款	10,000.00	10,000.00	應交稅費	73,200.00	321,808.80
存貨	5,160,000.00	5,349,600.00	應付利息	2,000.00	302,000.00
流動資產合計	9,302,800.00	10,586,468.00	一年內到期長期負債	2,000,000.00	2,000,000.00
長期股權投資	500,000.00	500,000.00	流動負債合計	5,302,800.00	6,231,408.8
固定資產	2,200,000.00	1,932,940.00	長期借款	1,200,000.00	1,200,000.00
工程物資		300,000.00	非流動負債合計	1,200,000.00	1,200,000.00
在建工程	3,000,000.00	3,000,000.00	負債合計	6,502,800.00	7,431,408.80
無形資產	1,200,000.00	1,200,000.00	股本	10,000,000.00	10,000,000.00
長期待攤費用	400,000.00	400,000.00	盈餘公積	200,000.00	200,000.00
非流動資產合計	7,300,000.00	7,332,940.00	未分配利潤	-100,000.00	287,999.20
			所有者權益合計	10,100,000.00	10,487,999.20
資產合計	16,602,800.00	17,919,408.00	負債和所有者權益合計	16,602,800.00	17,919,408.00

國家圖書館出版品預行編目(CIP)資料

中級財務會計 / 李焱、唐湘娟 主編. -- 第二版.
-- 臺北市：崧燁文化，2018.08
　面　；　公分

ISBN 978-957-681-425-9(平裝)

1.財務會計

495.4　　　　107012246

書　　名：中級財務會計
作　　者：李焱、唐湘娟 主編
發 行 人：黃振庭
出 版 者：崧燁文化事業有限公司
發 行 者：崧燁文化事業有限公司
E-mail：sonbookservice@gmail.com
粉絲頁　　　　　　　網　址：
地　　址：台北市中正區重慶南路一段六十一號八樓 815 室
8F.-815, No.61, Sec. 1, Chongqing S. Rd., Zhongzheng Dist., Taipei City 100, Taiwan (R.O.C.)
電　　話：(02)2370-3310　傳　真：(02) 2370-3210
總 經 銷：紅螞蟻圖書有限公司
地　　址：台北市內湖區舊宗路二段 121 巷 19 號
電　　話：02-2795-3656　傳　真：02-2795-4100　網　址：
印　　刷：京峯彩色印刷有限公司（京峰數位）

　　本書版權為西南財經大學出版社所有授權崧博出版事業股份有限公司獨家發行電子書繁體字版。若有其他相關權利需授權請與西南財經大學出版社聯繫，經本公司授權後方得行使相關權利。

定價：400 元

發行日期：2018 年 8 月第二版

◎ 本書以POD印製發行